Edgar K. Geffroy, Benjamin Schulz
Goodbye, McK… & Co.

Edgar K. Geffroy, Benjamin Schulz

Goodbye, McK… & Co.

**Welche Berater wir zukünftig brauchen.
Und welche nicht.**

Bibliografische Information der Deutschen Nationalbibliothek

Die Deutsche Nationalbibliothek verzeichnet diese Publikation
in der Deutschen Nationalbibliografie; detaillierte bibliografische
Daten sind im Internet unter http://dnb.d-nb.de abrufbar.

ISBN 978-3-86936-664-7

Lektorat: Eva Gößwein, Berlin
Umschlaggestaltung: Martin Zech Design, Bremen |
www.martinzech.de
Satz und Layout: Das Herstellungsbüro, Hamburg |
www.buch-herstellungsbuero.de
Druck und Bindung: Salzland Druck, Staßfurt

www.gabal-verlag.de

Inhalt

Vorwort

Wir leben gerade in einer Zeit sehr starker Veränderungen. Auch wenn viele das nicht mehr hören können, es ist dennoch Fakt. Selbstverständlich haben uns Veränderungen schon immer begleitet, doch die Geschwindigkeit, in der maßgebliche Veränderungen stattfinden, ist rasant angestiegen, und das nicht nur im technologischen Bereich. Für Unternehmen bedeutet das, sich immer wieder neuen Rahmenbedingungen anpassen zu müssen. Für Berater und Beratungsunternehmen bedeutet das, mit immer neuen Herausforderungen konfrontiert zu werden, die schon heute mehr erfordern als reine Beratertätigkeit, also mehr als Expertenwissen, Datenanalysen und Big Data – und die am Ende mehr zustande bringen, als den Kunden zufriedenzustellen.

Die aktuelle Megatrend-Dokumentation des Zukunftsinstituts veranschaulicht durch einen Rückblick auf die Entwicklungsgeschichte des Menschen die Geschwindigkeit des Wandels: »Menschen lebten zehntausende von Jahren in Jäger- und Sammlergemeinschaften, bevor dann die ersten sesshaften Bauernkulturen entstanden. Vor 200 Jahren begann die industrielle Revolution, die heute die Schwellenländer umkrempelt. [...] Rund alle 50 Jahre (plus/minus 15 Jahre) bildet sich seit Beginn der industriellen Revolution eine neue Basistechnologie aus, die bestimmte, neu bestehende Knappheiten adressiert und die Produktivität ›boostet‹. Straßennetz, Automobil und Petrochemie schufen den Nachkriegsboom. Ein Jahrhundert zuvor schuf die Eisenbahn eine Wohlstandswelle. Die letzte große Welle lösten Informationstechnologie und Computer aus.«[1]

Doch wohin führt dieser immer schneller stattfindende Wandel Berater und Beratungsunternehmen?

Besonders die Informationstechnologie ist dafür verantwortlich, dass sich die Kunden von Beratungsunternehmen weiterentwickelt haben – sie haben nun mehr Wissen und somit mehr Macht: »Sie buchen Beratungsdienste einzeln und verlassen sich weniger auf Anbieter von Gesamtlösungen. Sie werden geschickter darin, abzuschätzen, welche Aufträge sie an Externe vergeben müssen und welcher Dienstleister jeweils am besten geeignet ist.«[2] Es werden demnach nicht mehr Anbieter von Komplettlösungen gesucht, sondern Beratungsleistungen werden als einzelne Module so zusammengesetzt, dass sie in Summe zum gewünschten Ergebnis führen. Für große Beratungsunternehmen bedeutet das, dass ihre mangelnde Fähigkeit, ihren jeweiligen Kunden als Ganzes zu sehen, bald zum Problem werden könnte. Denn genau das ist unumgänglich, wenn man als Berater seinem Kunden Lösungen liefern möchte, die auch übermorgen noch greifen.

Auch andere Veränderungen der jüngsten Zeit wirken sich auf die Beratungstätigkeit aus: Wir leben im Moment in einer Welt, die sehr stark durch Werte geprägt ist. Werte fallen heute deutlich schwerer ins Gewicht als noch vor zehn Jahren. Sie sind elementar wichtig für unser Denken, Fühlen und Handeln. Sie steuern uns, treiben uns an oder bremsen uns. Meist geschieht das vollkommen unbewusst. In Unternehmen wird der Begriff *Wertebewusstsein* heute stärker denn je mit Erfolg und Misserfolg in Verbindung gebracht. Ist ein Unternehmen in einer Phase des Umbruchs – wie beispielsweise bei einer bevorstehenden Fusion, einer Übernahme oder einem Generationswechsel –, erleben die Menschen in den unterschiedlichen Positionen eine Werteveränderung, die auf beratende Tätigkeiten dramatische Auswirkungen hat. Vom Berater ist dann der neutrale Blick von außen auf das gesamte Business des Kunden gefragt. Es ist sein Job, in solchen Situationen ein Begleiter zu sein.

Für Berater wird es demnach immer schwieriger, ihre Kunden optimal zu betreuen und neues Business zu generieren, weil sich der Fokus der Kunden bereits verändert hat. Nicht mehr der Allrounder ist gefragt, sondern ein Mensch mit Expertise, Fokussierung, Unverwechselbarkeit und Nahbarkeit. Diese essenziellen Anforderungen haben viele noch nicht verstanden. Die meisten Berater entwickeln ein Konzept für ihren Kunden, liefern es ab und sagen ihm: »Jetzt ist es an dir, das umzusetzen!« Doch der Kunde ist gar nicht in der Lage, dieses Konzept zu realisieren, weil er nicht weiß, wie er es in die Praxis überführen soll. Glücklicherweise gibt es aber auch Berater – wenn auch nur eine Minderheit –, die dem Kunden beim Prozess der Umsetzung begleitend zur Seite stehen und auch Verantwortung für die Umsetzung übernehmen.

Gute Praxishandbücher für Berater gibt es jede Menge. Doch keines dieser Werke vermag es, einen Ausblick zu geben, mit welchen Anforderungen an seine Person der Berater der nächsten Generation konfrontiert sein wird. Hinweise darauf sucht man auch im World Wide Web vergebens. Hier setzen wir mit unserem Buch an und wollen diese Lücke füllen.

Dieses Buch ist kein Praxisbuch. Es betrachtet Praxisbücher von der Metaebene aus – und liefert den Blick von außen, die ganzheitliche Betrachtungsweise. Wir möchten damit bei Menschen in ganz unterschiedlichen Beratungsfeldern ein Verständnis dafür wecken, wie sich ihre Branche in den nächsten fünf, zehn oder gar zwanzig Jahren weiterentwickeln wird.

Edgar K. Geffroy, Benjamin Schulz

Teil 1

Der Berater heute – Leiharbeiter im Anzug

Berater sind aus unserer heutigen Wirtschaftswelt nicht mehr wegzudenken – sie werden immer gerne dann geholt, wenn eine Situation externe Unterstützung und den Blick von außen erfordert. Über viele Jahrzehnte hinweg galten Berater als »Ärzte eines Wirtschaftssystems«[1], die Antworten auf Fragen versprachen, die sich auf Top-Führungsebene Tag für Tag in den Unternehmen stellten. Dort rückte dann eine Liga von Strategen an, die sich zum Teil über Wochen und Monate in bereitgestellten Räumlichkeiten einschlossen und höchstens dann mal gesehen wurden, wenn ein Toilettengang nötig oder der Kaffee ausgegangen war. Was genau hinter diesen Türen stattfand, bekam niemand so recht mit. Die Mitarbeiter eines Unternehmens verfolgten die Anwesenheit der Berater immer mit großer Skepsis bis hin zu Ablehnung, denn wenn sie wieder gingen, war meist nichts mehr wie vorher. In den Köpfen der Mitarbeiter kreisten Fragen wie: *Wie schlecht steht es tatsächlich um unseren Arbeitgeber? Wird jetzt alles umstrukturiert? Werden wir jetzt alle entlassen?*

Im Management dagegen empfand man die Anwesenheit der Berater als eine Art Sicherheit, denn schließlich hatte man nun jemanden im Haus, der sich mit dem Markt auskannte, der wusste, was in Zukunft passieren würde, welche Technologien eventuell von Bedeutung sein würden und was getan werden musste, um die Konkurrenz abzuhängen. Dass man unternehmerischen Erfolg nun kalkulieren und planen konnte, statt nach seinem Instinkt handeln zu müssen, schuf eine durchaus zufriedenstellende Ausgangslage. Und tatsächlich wurden Firmendaten in ihre Einzelteile zerlegt, analysiert und neu zusammengefügt, um daraus zukunftsträchtige Vertriebsstrategien, Produktionsabläufe oder ganze Geschäftsprozesse zu entwickeln.

Gerade die Undurchsichtigkeit der Vorgehensweise war lange Zeit das Erfolgsgeheimnis der Beraterbranche. Sobald der Tag der Präsentation der Ergebnisse gekommen war, bekam die Unternehmensführung eine bis ins kleinste Detail ausgearbeitete Analyse der Ist-Situation und eine Darstellung der Soll-Situation. Nun wurden die Ergebnisse an die Verantwortlichen weitergereicht – zur eigenen Umsetzung. Gerade wenn es sich um komplexere Projekte handelte, die sich noch über viele Monate oder Jahre erstrecken konnten, war ein Monitoring des Strategieerfolgs so gut wie unmöglich. Klappte alles wie ausgearbeitet, war das dem Können der externen Spezialisten zuzuschreiben. Verlief ein Projekt aber wenig erfolgreich oder wurde es gar zum Desaster, hatte die Unternehmensführung das Ganze einfach nicht richtig verstanden oder falsch umgesetzt – oder der Markt hatte sich inzwischen wieder so weit verändert, dass die Umsetzung gar nicht funktionieren konnte. Wie man es auch drehte und wendete, die Berater waren immer fein raus.

> **Die Undurchsichtigkeit der Vorgehensweise war lange das Erfolgsgeheimnis der Beraterbranche.**

Aus heutiger Sicht unverständlich ist auch die Art und Weise, wie in den Zeiten des Beraterbooms generell Geschäfte abgeschlossen wurden. Da kamen die Chefs der Beratungsunternehmen in die Firmen, verkauften ihr Konzept für Millionen und schickten tags darauf eine Crew von meist absoluten Frischlingen an den Start. Der Kunde hatte also selbst nicht den geringsten Einfluss darauf, wer letztendlich Einblick in sein Allerheiligstes bekommen würde.

Auf der anderen Seite boten die Unternehmensberatungen ihren Mitarbeitern das Beste, was man sich für seinen beruflichen Werdegang nur erträumen kann: Praxistraining am lebendigen Objekt. Und das zu Experten-Tagessätzen. Also sehr lukrativ obendrein, und zwar nicht nur für die Chefs der Beratungsunternehmen, sondern auch für alle Neuankömmlinge in der Branche. Sie hatten von Beginn an ein stattliches Einkommen, das zudem schnell anwachsen konnte, wenn man sich nur genügend ins Zeug legte. Dass das auch funktionierte, erfuhren die Youngster am eigenen Leib und kamen schnell auf 15-Stunden-Tage. Ein aufreibender Job, der wenig Zeit für Privates, geschweige denn für Familiengründung ließ.

So schreibt Ex-Berater Ewald Weiden mit ein paar zynischen Zwischentönen, die er sich nach vielen Jahren im Beraterzirkus nicht verkneifen kann: »Anfangs fühlt sich die Verbindung von Reise- und Privatleben zwar auch nicht anders an als eine Fernbeziehung – und ist damit für Absolventen heutzutage oftmals nichts Ungewöhnliches. Doch spätestens nachdem der unbefristete Vertrag unterzeichnet ist, und damit die Karrierepfade für die Zukunft gelegt werden, stellt sich die Frage, wie die privaten Ziele auf Dauer damit vereint werden können. Männliche Berater können das Thema meistens noch etwas hinauszögern, da weiterhin das Gefühl des Fliegens von Blüte zu Blüte überwiegt. Als Unternehmensberaterin wird der Wunsch nach eigenem Nest und Nachwuchs allerdings schneller dringlich, tickt doch eine biologische Uhr. Wo sich die Herren der Schöpfung Zeit lassen können, stehen die Karrierefrauen unter dem Druck, nicht nur die einsamen Nächte in Hotels auszufüllen, sondern auch langfristig eine Beziehung aufzubauen.« [2]

Ein ganz anderes Thema ist die Leistung, die ein Berater unterm Strich erbringt. Die Spannbreite des tatsächlichen Könnens ist für potenzielle Kunden so unübersichtlich wie der Beratermarkt selbst. Der Grund dafür liegt auf der Hand: Bereits kleinste Empfehlungen können als Beratertätigkeit deklariert werden, sofern sie zur Lösung eines Problems beitragen. Darin liegt die große Schwierigkeit. Es gibt kein Berufsbild, keinen vorgeschriebenen Bildungsweg und keine offizielle Zulassung für Berater. Auch die Berufsbezeichnung *Unternehmensberater* ist nicht geschützt. Um ein wenig Struktur in die Branche zu bringen, hat man im Jahr 2011 die Europäische Beraternorm mit festen Standards eingeführt. Unternehmensberatungen sind aufgefordert, sich dieser Norm freiwillig unterzuordnen – damit ist jedoch noch lange keine gute Beraterleistung garantiert.

Das Ergebnis: Viele springen auch nebenberuflich auf diesen Erfolgszug auf und suchen das schnelle Geld, ohne die eigentlich notwendige Kompetenz an Bord zu haben. Diesen kleinen Beratungsfirmen stehen die Giganten unter den Unternehmensberatungen mit über 600 Millionen Euro Umsatz pro Jahr gegenüber. Dazwischen liegen mehr als 95 000 Berater[3], deren Diversität keine Grenzen kennt.

Für die Führung eines Unternehmens bedeutet das Hinzuziehen eines Beraters oft die letzte Chance, eine eingefahrene Situation wieder auf Kurs zu bringen, wenn eigenes Know-how und Inhouse-Ressourcen fehlen. Ein Berater kommt also meist dann in ein Unternehmen, wenn es dort bereits brennt, und führt dann viele Gespräche und wälzt dicke Ordner, um sich ein Bild vom Unternehmen, der Branche und der aktuellen Situation zu machen. Mitarbeiter verfolgen die Arbeit eines Beraters meist mit Argwohn, denn die Gespräche mit den Verantwortlichen finden hinter verschlossener Tür statt. Gerüchte schüren häufig zusätzlich das Feuer. Aus Sicht der Mitarbeiter signalisiert der »Einzug« eines Beraters häufig den Beginn einer Entlassungswelle. Was sonst soll einer bewirken, der jeden Morgen im Maßanzug und in auf Hochglanz polierten Schuhen aus seinem Porsche steigt? Der saugt doch sowieso nur das letzte Geld aus dem ohnehin maroden Firmentopf, und der kleine Mann muss darunter leiden.

Machen wir uns doch nichts vor: *Ein Berater ist heute nichts anderes als ein Leiharbeiter im Anzug.* Konkret bedeutet das: Ein Berater wird für einen noch nicht festgelegten Zeitraum in ein Unternehmen geholt, weil seine Leistung gebraucht wird – wie die eines Leiharbeiters.

Jedoch gibt es drei ganz entscheidende Unterschiede zu einem Leiharbeiter:

1. Der Einsatz des Beraters entscheidet über Erfolg oder Misserfolg eines Projekts / einer Situation.
2. Der Berater hat die Fäden in der Hand.
3. Der Berater bekommt nicht gesagt, was er tun soll, sondern tut, was er für richtig hält.

Letztendlich liefert ein Berater »nur« eine Strategie. In die Praxis umsetzen muss sie der Kunde selbst. Doch damit nicht genug: Vergleicht man die Dienstleitung eines Beraters mit der Herstellung eines Produkts in einem Unternehmen, fehlt bei einer Beraterleistung in den meisten Fällen vollkommen die Transparenz. Während man bei der Herstellung eines Produkts die einzelnen Schritte durch den Produktionszyklus sehr gut mitverfolgen kann, gewähren Berater keinen Einblick in ihren »Produktionszyklus«. Sie verbarrikadieren sich über Tage, Wochen oder Monate hinweg in Besprechungszimmern, in die ohne Aufforderung niemand Zutritt erhält, und liefern irgendwann ihren Lösungsvorschlag. Und diesen lassen sie sich gut bezahlen. Für die Auftraggeber ist es dadurch fast unmöglich, die Arbeitszeit und damit den Gesamtaufwand im Vorfeld überhaupt einzuschätzen. Das schürt Unbehagen, Missgunst und Angst – besonders bei den Mitarbeitern. Verständlicherweise.

Der Berater liefert eine Strategie – umsetzen muss sie der Kunde jedoch selbst.

Dennoch stürmen jedes Jahr zehntausende Studienabgänger vakante Praktikum-, Junior-Consultant- oder Associate-Stellen in Unternehmensberatungen. Der Reiz dieses Berufs scheint demnach größer zu sein als das überwiegend negative Image. Wie aber kam es zu diesem Hype, der die Profession des Beraters so hoch in die Lüfte hob, dass nach wie vor so viele bereit sind, den schnellen Erfolgszug zu besteigen?

Um das zu ergründen, muss man auf die Geschichte der Beraterzunft zurückblicken. Ob der im folgenden Beispiel vorgestellte Gründer einer der ersten Unternehmensberatungen als *der* Richtungsgeber schlechthin zu verstehen ist, darüber mag man geteilter Meinung sein. Mit Sicherheit lässt sich aber behaupten, dass der Gründer des für seine strategischen Beratungen berühmten und berüchtigten Beratungsunternehmens McKinsey, Marvin Bower, bedeutenden Einfluss auf den Stil aller Consultants hatte sowie auf die Erwartungen, mit denen man ihnen in den Managementetagen begegnet.

■ *Der 1903 in Ohio, USA, geborene Bower kam als junger Jurist mit zusätzlichem Wirtschaftsstudium zum ersten Mal im Jahr 1933 mit James O. McKinsey in Kontakt. Dieser wiederum hatte zu diesem Zeitpunkt seit sieben Jahren eine Firma, die sogenanntes »Management Engineering« betrieb und sich darum kümmerte, Arbeitsabläufe in lauten, dreckigen Fabrikhallen zu optimieren. Noch war Bower in einer renommierten Sozietät angestellt und genoss großes Ansehen unter seinen Freunden und Bekannten. Doch merkte er schnell, dass er sich weniger für juristische Themen interessierte, sondern mehr für die Frage, mit welchen Problemen Unternehmen zu kämpfen hatten, die während der Weltwirtschaftskrise untergegangen waren. Bower hatte die Idee, Topmanager in großen Konzernen hinsichtlich strategischer Unternehmensführung zu beraten – und erzählte McKinsey davon, der damals noch ein unbeschriebenes Blatt war. Der war sichtlich begeistert und wollte solch einen Kopf gerne in seinem Unternehmen sehen. Eine Anstellung in der New Yorker Filiale der James O. McKinsey folgte, und Bower bekam dort freie Hand, seine Idee zu entwickeln, mit McKinsey als Mentor.*

Das Ganze fand durch McKinseys Tod vier Jahre später ein jähes Ende. Ohne dessen Rückhalt für sein Projekt und durch zusätzliche, andauernde Streitigkeiten mit dem McKinsey-Nachfolger Andrew Thomas Kearney wurde das Unternehmen schließlich aufgelöst. A. T. Kearney ist auch heute noch ein Begriff in der Beratungswelt. Bower tat sich 1939 mit ein paar Kollegen aus New York zusammen und gründete McKinsey & Company. Mit der Übernahme des Namens seines Mentors wollte Bower diesem nicht etwa ein Denkmal setzen, sondern vielmehr vermeiden, dass Klienten darauf bestanden, vom Firmenchef persönlich beraten zu werden. Ein alltägliches Phänomen, das er in den Jahren unter McKinsey erlebte und als extrem störend empfunden hatte. Mit seinem neu gegründeten Beratungsunternehmen hatte er sich vorgenommen, die Kultur seines Mentors fortzuführen und das Unternehmen mit »spartanischen Tugenden«[4] zu leiten.

Der Ordnung, Pünktlichkeit und Zuverlässigkeit liebende Marvin Bower legte zum Beispiel großen Wert auf sein Äußeres und das seiner Angestellten. Ein vorzugsweise maßgeschneiderter dunkler Anzug mit weißem Hemd, Krawatte und Hut waren genauso Pflicht wie dunkle Socken, die auf jeden Fall die Waden komplett abzudecken hatten. In der Businesswelt der Sechzigerjahre in Amerika war das zwar absolut gang und gäbe, doch ging es bei dieser Vorgabe darum, die Seriosität sicherzustellen. Bower wollte dadurch verhindern, dass einer seiner Berater in den obersten Chefetagen aufgrund unangemessener Kleidung negativ auffiel und deswegen vielleicht sogar als ungeeignet wahrgenommen wurde.

Auch sorgte Bower schon früh dafür, dass genügend Nachwuchs von den Hochschulen in sein Beratungsunternehmen kam. Nach eigener Aussage suchte er bewusst nicht nach erfahrenen Beratern, sondern nach frischer Intelligenz, »weil sich Consulting immer mehr zu einem denkintensiven Prozess entwickelt« – so soll er in der britischen Zeitung *The Times* gesagt haben. Aller Wahrscheinlichkeit nach wird allerdings auch die Tatsache eine Rolle gespielt haben, dass sich Youngster eher ohne Murren auf seine strikte Firmenphilosophie einließen.

Für seine Angestellten formulierte Marvin Bower weiterhin feste Regeln – ja, man kann fast sagen Gebote. Dabei stand der Kunde bzw. Klient mit seinen Wünschen immer an erster Stelle, was bedeutete, dass jeder Mitarbeiter alles daran setzen musste, den Klienten zufriedenzustellen – auch wenn das beispielsweise bedeutete, die eigene Familie hintanzustellen, sollte ein Projekt das notwendig machen. Gleich an zweiter Stelle folgte das Gebot der höchsten Anforderung, was darin zum Ausdruck kam, dass nur die anspruchsvollsten Herausforderungen von McKinsey & Company angenommen wurden. Von den Mitarbeitern forderte diese Vorgabe immerfort allerhöchste Anstrengung, zugleich schürte sie den internen Konkurrenzkampf. Nur wer durch besonders hervorragende Arbeit auffiel, hatte die Möglichkeit, einen höheren und damit nicht nur finanziell attraktiveren, sondern auch angeseheneren Posten anzusteuern. Tingelte man als Berater dagegen zu lange unauffällig nebenher, wurde man gefeuert. Dieses »Up or out«-Prinzip führte zu einer natürlichen Selektion, die gleichzeitig der Beratungsführung die Sicherheit gab, dass nur die besten, talentiertesten und zu totaler Aufopferung bereiten Mitarbeiter für eine gleichbleibend hohe Qualität sorgten. McKinsey & Company war von Beginn an für diese Leistung berüchtigt.

> Das Prinzip »Up or out« führt zu einer natürlichen Selektion und stellt hohe Qualität sicher.

Stellt sich die Frage, was einen jungen Menschen dazu bewegt, sich freiwillig solchen Bedingungen zu unterwerfen. Schließlich sind die Ansprüche der Unternehmensberatungen bis heute sogar eher noch größer geworden. Was also versprechen sich Youngster von diesem Beruf?

Der Reiz der Macht

Das typische Bild, das heute jeder beim Wort »Berater« vor Augen hat, ist ein Mann im maßgeschneiderten (und somit teuren) Anzug und Designerschuhen, mit gegelten Haaren, Notebook unterm Arm und Aktentasche in der Hand. Dieses Erscheinungsbild spiegelt die Arbeitsweise des Beraters wider, nämlich analytisch, strukturiert und straight. Denn für einen Berater ist es extrem wichtig, mit seinem Äußeren einen Vorgeschmack auf sein Können zu suggerieren. Schließlich ist es seine Expertise, die Unternehmen suchen – und auch erwarten.

Doch darüber hinaus verbindet man mit dem typischen Erscheinungsbild eines Beraters vor allem eins: Macht. Diese Ausstrahlung von Macht ist für viele ein Anreiz, diesen Beruf zu ergreifen. Ebenfalls nicht zu verachten ist der Reiz des Geldes. Auf Festgehälter und Jahresboni wollen wir an dieser Stelle gar nicht genauer eingehen, erwähnenswert ist jedoch, dass bereits Studenten, die schon während ihrer Studienzeit beratend in Unternehmen tätig sind, ein attraktives Tagesgeld erhalten und diesen Beruf als entsprechend lukrativ erleben. Unterm Strich gesehen ist die Bezahlung zu Beginn einer Beraterkarriere allerdings alles andere als gut. Das ist ganz einfach zu erklären: Vergleicht man die Anfangsvergütung eines Junior-Consultants – also eines frisch gebackenen Beraters – mit der einer Sekretärin oder eines Bürokaufmanns, ist der Junior-Consultant relativ günstig. Denn ein durchschnittlicher Angestellter leistet erheblich weniger Stunden, während ein Consultant keinen Feierabend kennt, auch beim Essen mit Kollegen über das Projekt spricht und sich abends weiter in Analysen vergräbt. Während der Bürokaufmann längst seinem

Hobby nachgeht oder seine Füße vor dem Fernseher hochlegt, scannt ein Berater das World Wide Web nach aktuellen Zahlen, die er auf jeden Fall noch vor Morgengrauen gefunden haben muss, damit er sein Pensum am nächsten Tag schafft. Überstunden, wie sie gemeinhin verstanden werden, existieren in dieser Branche also nicht. Es ist sogar vertraglich festgehalten, dass ein Mehr an Arbeitseinsatz erwartet wird und bereits durch das Entgelt abgedeckt ist. Bekämen Consultants ihre Überstunden bezahlt, wäre das für deren Brötchengeber viel zu teuer. Außerdem würde das die Stunden- bzw. Tageshonorare von Beratungsleistungen weiter in die Höhe treiben, weshalb die Unternehmen als Kunden wiederum noch engere Zeitlimits vorgeben würden, nach denen sie Ergebnisse sehen wollen. Doch Anwärter, die in die Beraterbranche einsteigen wollen, übersehen oft das Thema Überstunden, denn das Gehalt pro Monat ist, absolut gesehen, extrem hoch. Die bekannten Häuser, deren Namen auch einen gewissen Stellenwert unter den Anwärtern haben, wissen genau, mit welchen Mitteln sie ihren Nachwuchs an die Leine bekommen.

Weil es besonders bei großen Beratungsunternehmen einen hohen Bedarf an »Frischfleisch« gibt, der jedes Jahr von Neuem gedeckt werden muss, werden Studienabgänger mit Top-Noten vor allem mit zunächst überwältigend anmutenden Summen und späteren Aufstiegsmöglichkeiten gelockt. Fragt man Berater, die schon länger aktiv im Markt tätig sind, raten diese jedoch jedem Neueinsteiger davon ab, sich ausschließlich aufgrund der Entlohnung für diesen Beruf zu entscheiden. Harte Arbeitswochen mit 70 Stunden oder mehr gehören für einen Berater zum Standard. Vor allem als Mitarbeiter von großen Beratungsunternehmen ist man von Montag bis Donnerstag praktisch mit dem Projekt verheiratet: vor Ort beim Kunden, mit Übernachtungen im Hotel – und auch nach Feierabend werden bei einem Bier oder Wein noch Strategien besprochen, um die Zeit sinnvoll zu nutzen. Das ist nicht jedermanns Sache, was sich darin zeigt, dass erfahrungsgemäß nach etwa fünf Jahren der Arbeitgeber gewechselt wird. Einem Beratungsunternehmen als Arbeitgeber macht das wenig aus, denn auf durchschnittlich 40 Abwanderungen pro Jahr kommen 100 neue Leute,[5] die diesen Job als großes Sprungbrett für ihre Karriere sehen. Diese Fluktuation ist in der Branche üblich. Offenbar scheinen mit der Zeit andere Dinge interessanter zu werden als Geld und Ansehen. Irgendwann erkennt auch der engagierteste Berater, dass das Leben aus dem Koffer nicht alles sein kann.

Auf Dauer so flexibel zu sein, wie es erwartet wird, fällt besonders dann schwer, wenn die Familie involviert ist. Insbesondere für Beraterinnen ist es oft ein steiniger Weg, sich in der Branche zu etablieren, während dies einigen männlichen Kollegen scheinbar mühelos gelingt. Aus diesem Grund sind vorwiegend junge Frauen, die sich primär ihrer Karriere widmen, als Beraterinnen anzutreffen. Sobald ein Kind ins Leben tritt, fällt es vielen Beraterinnen schwer, die Wünsche der Kunden und die Ansprüche der Familie weiterhin unter einen Hut zu bekommen.

Doch zurück zum Reiz der Macht, der viele zunächst über die Schattenseiten dieses Berufs hinwegsehen lässt. Die Macht des Beraters äußerst sich auch in der Tätigkeit selbst: Der Berater kann Schicksal spielen, denn er arbeitet immer am »offenen Herzen« – dem Problem des Unternehmens. Es liegt in seiner Hand, Ursachen zu ergründen, einen Lösungsweg zu erarbeiten und dabei Neues zu entwickeln.

Der Berater kann Schicksal spielen – ohne dabei Verantwortung übernehmen zu müssen.

Schon Praktikanten erkennen nach kürzester Zeit: Der Einfluss auf das zu beratende Unternehmen ist enorm hoch. Der Auftraggeber legt nicht nur seine Karten offen auf den Tisch, sondern gewährt den hinzugezogenen Experten meist auch absolute Freiheit in der Vorgehensweise. Für viele Junior-Consultants ist es äußerst reizvoll, hinter den Kulissen die Fäden ziehen zu können, ohne dabei die direkte Verantwortung zu haben. Die Bedeutung der (fehlenden) Verantwortung darf in diesem Zusammenhang nicht unterschätzt werden: Führt die Strategie das Unternehmen aus der Misere, fällt das auf den Berater zurück, der dann offensichtlich gute Arbeit geleistet hat. Funktioniert dagegen etwas nicht nach Wunsch, ist das zwar ärgerlich (»Shit happens!«), aber der Berater ist aus dem Schneider, denn die Verantwortung für die richtige Umsetzung seines »Werkes« liegt voll und ganz auf Seiten des Auftraggebers. Doch dieser hat zwar die Theorie schwarz auf weiß vor sich, aber niemand hat ihm gesagt bzw. gezeigt, wie er sie in die Praxis überführen kann. Zum Zeitpunkt der Umsetzung sind die meisten Berater längst wieder verschwunden – unverständlich für die Auftraggeber, gang und gäbe bei den Unternehmensberatern.

▦ *Dass Unternehmen im Ernstfall viel Geld für nichts investieren, illustriert der Fall der Baumarktkette* **Praktiker** *aus dem Jahr 2013. Insgesamt 300 Filialen mit über 15 000 Angestellten wurden damals dem Untergang geweiht. Darunter fielen auch 132 Filialen der Marke Max Bahr, die im Jahr 2007 als Tochtergesellschaft übernommen worden war, um damit einen Grundstein für einen Neuanfang zu legen. Doch nachdem Rechnungen nicht mehr bezahlt werden konnten, musste im Juli 2013 schließlich Insolvenz angemeldet werden. Gläubiger sagten aus, dass sich der Vorstand der Baumarktkette bis zum Schluss darum bemüht habe, etwa 35 Millionen Euro aufzutreiben, um den Konzern retten zu können. Doch es fand sich kein Investor. Demgegenüber standen jedoch über 80 Millionen Euro, die seit 2011 in die Kassen von Unternehmensberatern, Finanzdienstleistern und Rechtsanwälten geflossen waren.[6] Interne Dokumente belegten, dass allein vier große, bekannte Beratungsunternehmen damit beauftragt worden waren, die Baumarktkette wieder auf Kurs zu bringen (die Namen, die immer wieder durch die Medien gingen, wollen wir hier nicht erneut aufgreifen). So entstand u. a. die Idee, die praktizierte Billigstrategie »einzustampfen«. Als die Umsätze deswegen jedoch weiter zurückgingen, sah sich das Management gezwungen, wieder zu den »20 Prozent auf alles« zurückzukehren. Doch das nutzte nichts. Während der Schuldenberg in den zwei Jahren bis zur Insolvenz ständig anwuchs, wurden wichtige Personen in Führungspositionen ersetzt, Strategien radikal geändert und falsche Konzepte erstellt. Besonders einige Großaktionäre von Praktiker machten öffentlich ihrem immensen Ärger Luft und beschuldigten die ehemaligen Vorstände und Aufsichtsräte des Konzerns, zwei Jahre lang nur »den eigenen Arsch gerettet« zu haben. Daraufhin entbrannte ein erbitterter Streit zwischen Managern und Investoren darüber, wer den Untergang von Praktiker zu verantworten hatte. Die Unternehmensberater vielleicht? Fehlanzeige.*

▦ *Ein weiteres Beispiel: Gleich zwei große Beratungsunternehmen waren und sind auch beim Untergang des Medienriesen* **Bertelsmann** *involviert. Mit dem einen hat Bertelsmann schon Mitte der 1980er-Jahre den ersten geschäftlichen Kontakt geknüpft, das andere ist im Jahr 2006 dazugestoßen, um alle Unternehmensbereiche* *auf ihre Zukunftsfähigkeit hin zu untersuchen. Mit ersterem wurden seit Langem schon Strategien entwickelt, der Erfolg des Unternehmens wuchs damals rasant und weitere Aufträge folgten. Das ging so weit, dass sich die Berater an vielen Stellen regelrecht »festsaugten«. Ehemalige Berater nahmen entscheidende Positionen im Konzern ein. Sogar die Kinder der Bertelsmann-Gründer Liz und Reinhard Mohn erlernten das Berater-Handwerk in eben dieser Unternehmensberatung. Den Höhepunkt des Erfolgs erlebte Bertelsmann Anfang der 1990er-Jahre mit sieben Millionen Mitgliedern, 320 Filialen und einem Umsatz von 700 Millionen Euro. Doch das Buchgeschäft ging mit Aufkommen der digitalen Medien immer weiter zurück. Man denke nur an den großen Brockhaus, der nun kaum noch Kunden fand, da niemand mehr fast 3000 Euro (Stand 2006) für 24 500 Stichwörter ausgeben wollte, während fast 1,6 Millionen deutsche Begriffe kostenlos auf Wikipedia nachzulesen waren (Stand 2001). Auch der Kaufzwang für Clubmitglieder innerhalb eines ziemlich eingeschränkten Angebotssortiments – das jedoch anfänglich noch 10 bis 20 Prozent günstiger war als im Laden – stieß mehr und mehr auf Ablehnung. Wer will schon von einem Anbieter abhängig sein? Die Mitglieder kündigten. Besonders schwer betroffen waren die Länder Deutschland, Österreich und die Schweiz. Nach Angaben der Bertelsmann-Tochter DirectGroup gingen die Mitgliederzahlen auf eine Million im Jahr 2014 zurück, mit einem Umsatz von nur noch 100 Millionen Euro und nur noch 52 Filialen. Die Haus-und-Hof-Unternehmensberatung von Bertelsmann wurde beauftragt, ein Kosteneinsparungsprogramm von mehreren hundert Millionen Euro auszuarbeiten.[7] Ende 2009 waren dort konzernweit noch 106 000 Menschen beschäftigt, deren Arbeitsplätze letztlich verloren gingen.*

Die »Berater-Feuerwehr« rückt meist erst an, wenn bereits das halbe Stockwerk in Flammen steht.

Das sind nur zwei Beispiele, die das allgemeine Bild eines Beraters heute sehr gut veranschaulichen: Er ist nichts anderes als ein Leiharbeiter im Anzug oder Teil einer Berater-Feuerwehr, die von den Bossen meist erst dann geholt wird, wenn das halbe Stockwerk bereits in Flammen steht. Betroffene, aber auch Außenstehende, sehen die Schuld für Niederlagen überwiegend auf Seiten der Geschäftsführung, die wiederum gerne ihre Fehler auf fremden Schultern ablädt, um später sagen zu können: »Wir haben alles Mögliche getan!« Von Mitarbeitern argwöhnisch beobachtet, erarbeitet die »Berater-Feuerwehr« dann fieberhaft Strategien, die den Brand löschen und idealerweise die bereits vernichteten Stockwerke Stück für

Stück wiederaufbauen sollen. Die Geschäftsführung versucht, diese Vorschläge mit ihren Mitteln und ihrem Können umzusetzen. Ist aber die Grundsubstanz bereits zerstört oder hat sich der Markt maßgeblich verändert, nützt die beste Strategie nichts.

▨ *In Bitterfeld-Wolfen in Sachsen-Anhalt hat man das am eigenen Leib erfahren. Dort machte die billige Konkurrenz aus Asien dem Solarunternehmen Q-Cells immer mehr zu schaffen, sodass es 2012 schließlich Insolvenz anmelden musste. Dabei liest sich die Erfolgsgeschichte von Q-Cells-Boss Anton Milner zunächst wie ein American Dream: Im Jahr 2000 errichtete er mit drei Mitgründern eine Fabrik für die Produktion von Solarzellen. Das war eine Zeit, in der die deutsche Ökostromförderung noch in Kinderschuhen steckte, aber auch genauso schnell laufen lernte. 2008 war Q-Cells der weltweit größte Hersteller von Solarzellen, bot zu Peak-Zeiten 2200 Arbeitsplätze und hatte einen Börsenwert von drei Milliarden Dollar bei rund 80 Euro pro Aktie. Doch dann kamen die Asiaten, und der Kampf ums Überleben begann. 2011 schrieb der Konzern schon einen Verlust von 846 Millionen Euro bei einem Umsatz von einer Milliarde Euro. Zwischen September 2011 und April 2012 bemühte sich neben zwei großen, bekannten Unternehmensberatungen auch ein kleines Restrukturierungsteam einer deutschen Wirtschaftskanzlei um das stark angeschlagene Unternehmen. Nachdem die Aktie auf 14 Cent gefallen war und der Insolvenzantrag unweigerlich folgte, schürte die Durchsicht der Bücher die Kritik an den Honoraren, die an diese kleine Kanzlei geflossen waren. Insolvenzverwalter Henning Schorisch warf den Beratern vor, auch dann noch an einer Sanierung gearbeitet und dafür kräftig Honorare einkassiert zu haben, als schon längst feststand, dass Q-Cells nicht mehr zu retten war. Eine Klage folgte.[8]*

Wem muss man hier die Schuld geben? Natürlich ist ein Vorstand dafür verantwortlich, dass sein Unternehmen den bestmöglichen Weg geht. Doch tragen nicht auch die Berater Verantwortung? Sollte ihnen nicht das Wohl des Auftraggebers am Herzen liegen?

Q-Cells konnte noch gerettet werden – dafür sorgte der Insolvenzverwalter. Im Oktober 2012 wurde die Firma von dem südkoreanischen Konzern Hanwha übernommen. Zwar gingen dabei rund ein Drittel dcr Jobs in Deutschland verloren, aber der Standort Bitterfeld-Wolfen blieb erhalten.

Was sagen diese Beispiele darüber aus, wie die Berater ihre Macht nutzen? Das verdeutlicht wohl am besten die Sicht der Betroffenen: Für sie ist die Aktivität der Berater nichts anderes als eine große, leere Blase. Von der Geschäftsführung unterstützt, treiben die Berater das Unternehmen nur noch weiter in die Abwärtsspirale. Man hört wenig schmeichelhafte Bezeichnungen wie »hoch bezahlte Besserwisser«, »erbarmungslose Killer«, »Blender«, »Bluffer«, »Hilfstruppe des Managements«, »Clowns im schwarzen Anzug« oder »Nieten in Nadelstreifen«. Harte Worte – und doch verständlich. Der Berater geht, das Gebäude wird unbewohnbar. Dann war es einfach zu spät.

Aber der nächste Kunde scharrt bereits mit den Hufen. Denn – machen wir uns da nichts vor – das Outsourcen von Problemen ist bequem. Und warum auch nicht? Warum sollte das Management nicht eine Hilfe auf Zeit in Anspruch nehmen? Schließlich geht es ja nicht immer gleich um den drohenden Untergang. Was aber passiert hier auf oberster Ebene? Sind die Manager heutzutage nicht in der Lage, selbst auf neue Ideen zu kommen, Strategien für neue Produkte oder Märkte zu entwickeln und Wege aus festgefahrenen Situationen zu finden? Haben sie sich vielleicht selbst in die Misere geritten, indem sie zuvor zu umfassend und zu lange auf *Lean Management* gesetzt haben, bis auch die letzte Abteilung ihre Leistungsgrenze überschritten hat? Wir wissen es nicht. Was Berater bieten, scheint jedenfalls praktisch zu sein: Qualität auf Abruf.

Berater und ihre Rollen – die kritische Perspektive

Völlig paradox erscheint die völlig konträre Wahrnehmung der Berater in der Öffentlichkeit: Auf der einen Seite wird das, was die Berater erreichen, in den höchsten Tönen gelobt – auf der anderen Seite werden sie in der Luft zerrissen. Die folgende Aussage beschreibt diese Ambivalenz sehr treffend: »Kaum ein anderer Berufsstand wird gleichzeitig so glorifiziert und an den Pranger gestellt, bis zum Misstrauen beneidet und dennoch ins Vertrauen gezogen.«[9]

Nach dem Boom in den 1970er-Jahren, der auf wachsende internationale Geschäfte zurückzuführen war, wird die Beraterbranche seit den 1990er-Jahren zunehmend kritisch beäugt. Bis in die 1990er-Jahre erbrachten Berater offensichtlich nicht nur gute Leistungen, sondern erlangten auch eine entsprechend gute Stellung in der Öffentlichkeit. Zu dieser Zeit waren sie mehr als nur anerkannt – sie wurden bewundert. In den 1970er-Jahren war es zum Beispiel für Unternehmen selbstverständlich, Beraterleistungen in Anspruch zu nehmen. Betrachtet man den wissenschaftlichen Bereich, galten Berater bis in die 1990er-Jahre als diejenigen, die zwischen Theorie und Praxis vermittelten. Dieses Image wurde weiter ausgebaut und Berater standen sogar in dem Ruf, unmittelbar an der Theorieentwicklung beteiligt zu sein.[10] Daraus entwickelte sich die strategische Unternehmensführung, die zum Vorzeigeprojekt der großen Beratungshäuser wurde.

Diese Reputation drang sogar bis in die Politik vor. Das äußerte sich etwa darin, dass vor allem zwei Größen der Beraterbranche, Roland Berger und Jürgen Kluge, in regelmäßigen Abständen zu politischen Expertenkommissionen oder auch Strukturkommissionen der Bundeswehr geladen wurden.

Doch wie ein Sprichwort so schön sagt: Wer hoch fliegt, kann tief fallen. So kam es dann auch hierzulande. Die früher von der Politik so hoch gepriesenen Berater wurden plötzlich in aller Öffentlichkeit förmlich in der Luft zerrissen. Eine Aussage von Christian Wulff, damals Ministerpräsident von Niedersachsen, der Anfang 2004 in Sabine Chistiansens Talkrunde das Beratungsunternehmen Roland Berger heftig attackierte, wurde später in der *FAZ*

> **Die einst gepriesenen Berater wurden plötzlich förmlich in der Luft zerrissen.**

folgendermaßen aufgegriffen: »Es geht um mehr als den üblichen Zweifel an der Relation von Leistung und Löhnung. Es geht um die Legitimation einer ganzen Branche, an der Kritik bisher abperlte wie Feuchtigkeit von der Teflonpfanne.«[11]

Plötzlich kam es nach vielen Jahren des Jubels zu einem Umschwung. Die Lösungsstrategen sahen sich nun mit dem Vorwurf konfrontiert, nicht das Optimum für ihre Kunden herauszuholen, sondern sich vielmehr selbst die Nächsten zu sein. Die Ergebnisse ihrer Beratungsarbeit wurden hinterfragt, ihre Preise galten plötzlich als überhöht, gar als dreist. Sicher ist eine solche Kritik ein Risiko, mit dem die Branche rechnen musste: Je höher man pokert, desto mehr steht man in der Öffentlichkeit und macht sich dadurch angreifbar. Das ist bei Politikern, Topmanagern und Stars und Sternchen auch nicht anders und gehört einfach dazu – und sicher spielt dabei auch der Neid eine Rolle.

Neben der öffentlichen Meinung und der Sicht der Medien gibt es auch die Perspektive der Forschung, die die Beraterbranche wie jeden anderen Markt unter die Lupe nimmt. Die Faktensammlung gestaltet sich jedoch insgesamt schwierig: Weil Berater in der Regel großen Wert auf Diskretion legen und Kundenprojekte im Verborgenen abwickeln, tauchen nicht viele Fakten in der Öffentlichkeit auf.

In ihrem Werk *Critical Consulting*[12] haben Timothy Clark und Robin Fincham eine erste kritische Analyse der Beraterbranche veröffentlicht und darin die verschiedenen Akteure und ihre Aktivitäten in der Managementberatung bewertet. Mit diesem Buch leiteten die Autoren eine Wende innerhalb der Beraterbranche sowie in deren Beobachtung und der zugehörigen Forschung ein: Der Fokus, der zuvor auf der Frage lag, wie man in der Praxis seine Kunden besser betreuen kann, liegt nun auf folgenden Thesen, die in die Beobachtung und Bewertung von Beratungsleistungen eingehen:

1. Berater bringen nur neue Management-Methoden unters Volk, um an neue Projekte zu kommen und verunsichern damit ihre Kunden.
Mit dem »Erfinden« eigener Methoden können sich Berater als Trendsetter etablieren. Dem Unternehmensmanagement verkaufen sie diese mit dem Argument, dass nur das Umsetzen dieser Ideen die Firma wettbewerbsfähig macht und zu echtem Erfolg führt. Weil Trends jedoch nicht von Dauer sind, gibt es immer wieder genügend Gründe, neue Methoden zu entwickeln und diese den Kunden erneut zu verkaufen. Außerdem ist es ein Leichtes, alte Methoden als neue Trends auszugeben. Wenn man zudem bei

seinen Kunden die Angst schürt, dass sie ohne die Beraterleistung die Oberhand über ihre Unternehmen verlieren könnten, hat man den nächsten Auftrag so gut wie in der Tasche.

2. Die Leistung von Beratern kann man schlecht oder gar nicht bewerten, höchstwahrscheinlich ist sie aber ungenügend.

Einige Wissenschaftler gehen davon aus, dass die Leistungen der Berater nur ihrem eigenen Vorteil dienen und dass Berater vor allem versuchen, ihre eigenen Interessen durchzusetzen.[13] Damit einher geht auch die Annahme, dass es Beratern gar nicht darum geht, aktuell notwendige Projekte anzugehen, sondern vielmehr darum, neue Projekte zu generieren. Doch auch im Falle einer möglichen Verlängerung laufender Projekte haben die Consultants einen sehr starken Einfluss auf ihre Auftraggeber – sie können dies selbst dann durchsetzen, wenn eine Verlängerung gar nicht nötig wäre.

3. Berater erfüllen versteckte Rollen.

Mit ihrer Arbeit im Hintergrund unterstützen manche Berater konkrete Personen und einzelne Auftraggeber direkt, etwa wenn es darum geht, jemanden in der Öffentlichkeit ins rechte Licht zu rücken, um dessen Karriere anzukurbeln, oder jemanden in Konfliktsituationen zu unterstützen und zu beraten.[14] Mit dieser eher passiven Rolle machen sich die Berater unverzichtbar und sorgen gleichzeitig dafür, bald wieder neue Auftraggeber an der Angel zu haben.

Die hier skizzierte kritische Auseinandersetzung vermittelt das Bild einer Branche mit durchtriebenem Charakter. Angeprangert wird dabei insbesondere die Art und Weise, mit der es Beratern gelingt, Managern ihre Leistung zu verkaufen. Irgendwie scheint es immer wieder zu funktionieren, dass die Anbieter an neue, lukrative Aufträge herankommen. Doch nicht nur die Schelte einerseits, sondern auch die Lobeshymnen andererseits müssen irgendwo ihren Ursprung haben. Überwiegen also doch die zufriedenen Kunden? Wie sonst konnte sich der Beratermarkt bisher solcher Wachstumsraten erfreuen?

Die Autoren Berit Ernst und Alfred Kieser haben sich kritisch mit diesen Fragen auseinandergesetzt und ihre Antworten in ihrem Beitrag »Versuch, das unglaubliche Wachstum des Beratungsmarktes zu erklären«[15] veröffentlicht. Sie gehen davon aus, dass dieses Wachstum nur deswegen möglich war, weil die Berater ihre Position ausnutzen, um selbst Einfluss auf ihre Auftragslage zu nehmen.

Demnach machen sich Berater die Tatsache zunutze, dass die Manager zunehmend Angst davor haben, die Kontrolle über ihr Unternehmen zu verlieren.

Diese Angst wird von den Beratern zusätzlich geschürt, indem das Umfeld der Firma grundsätzlich als feindselig dargestellt wird. Im nächsten Schritt bieten die Berater den zunehmend verunsicherten Entscheidern ihre Management-Trends an und verkaufen sie ihnen schließlich zu horrenden Preisen. Im Gegenzug stellt sich beim Auftraggeber wieder das Gefühl der Kontrolle ein.

Inwieweit eine Beratung dann wirklich Früchte getragen hat, kann ein Klient kaum abwägen oder messen. Ob die Kosten dafür auch wirklich in Relation zum Nutzen stehen, kann er ebensowenig erkennen. Ist ein Beraterjob abgeschlossen, stellen die Auftraggeber nicht selten fest, dass andere Wettbewerber auch so schlau waren, sich Beraterdienste einzukaufen, und an ihrer eigenen Weiterentwicklung gearbeitet haben. Plötzlich ist man der Konkurrenz doch nicht so weit voraus wie eigentlich erhofft. Es muss also schon wieder ein neues Konzept her. Der Berater hat das längst parat – und die Mühle der Abhängigkeit dreht sich weiter.

Berater schlüpfen in ihren Projekten oft in versteckte Rollen.[16] Robert Paust nennt die drei Rollentypen *Sündenbock, Souffleur* und *Strohmann*, von denen die Rolle des *Sündenbocks* die am häufigsten vertretene ist. Sie kommt in folgender Haltung zum Ausdruck: Läuft etwas schief oder scheitert ein Projekt, ist der Berater Schuld. Der ehemalige Berater und Autor Robert Paust illustriert dies anschaulich anhand der Bibel-Passage, auf die der Ausdruck »Sündenbock« zurückgeht: »Schon im Alten Testament der christlichen Bibel (Levitikus 16, 1–34) wird beschrieben, wie der Hohepriester durch Handauflegen die Sünden des Volkes auf einen Opferziegenbock übertrug. Jagte man diesen anschließend in die Wüste – auch dieses Motiv hat sich zu einem im vorliegenden Kontext durchaus passenden sprachlichen Bild entwickelt – galt das Problem als gelöst.«[17] Ein Praxisbeispiel:

◼ *In einem Projekt kommt es plötzlich zu Zwischenfällen und es droht zu scheitern. Die Verantwortung dafür, dass es soweit kommen konnte, wird daraufhin dem Berater zugeschoben, obwohl sich eigentlich der auftraggebende Manager an die eigene Nase fassen sollte. Der Berater hält seinen Kopf hin – auch wenn er sich faktisch nichts hat zu Schulden kommen lassen.*

Zum *Souffleur* wird ein Berater, wenn ein Auftraggeber ihn für seine persönlichen Zwecke benutzt, zum Beispiel, um sein Image zu retten oder um sich zu profilieren. Um das zu erreichen, vermittelt der Berater dem Auftraggeber sein Wissen, seine Erfahrung sowie Informationen, die dieser dann als seine eigenen »verkauft«. Dafür übernimmt der Berater neben dem eigentlichen Projekt zusätzliche Aufgaben, stellt für seinen Kunden Unterlagen zusammen, gibt ihm hier und da ein paar Tipps und Anregungen oder unterstützt ihn in anderen Bereichen, die nicht direkt zum Projekt gehören. Wie ein Souffleur arbeitet er dabei im Hintergrund. Ein Praxisbeispiel:

◼ *Innerhalb eines Projekts, das der Berater offiziell betreut, bekommt er von seinem Auftraggeber zusätzlich die Anweisung, eine Präsentation auszuarbeiten. Als nicht offizieller Auftrag wird dieser zusätzliche »Gefallen« natürlich absolut diskret behandelt. Die Stunden, die dafür anfallen, werden dann entweder beim eigentlichen Projekt hinzuaddiert oder der Berater stellt diese »Gefälligkeit« gar nicht extra in Rechnung. Das Ergebnis – die vom Berater erstellte Präsentation – wird nach außen als Leistung des auftraggebenden Managers wahrgenommen.*

Als *Strohmann* fungiert ein Berater dann, wenn es für seinen Auftraggeber brenzlig werden könnte. Läuft dieser Gefahr, in einen Konflikt zu geraten oder einen Imageverlust zu erleiden, übernimmt der Berater die Aufgabe des Strohmanns. Anstelle eines Entscheiders tritt dann zum Beispiel bei einer Betriebsversammlung der Berater vor das Mikrofon und verkündet, dass aufgrund einer anstehenden Fusion

Abteilungen zusammengelegt und vorraussichtlich Mitarbeiter entlassen werden. Der eigentliche Verantwortliche ist fein raus, der Berater ist der Buhmann. Ein Praxisbeispiel:

◾ *Vor einer anstehenden Projektteambesprechung sind bereits Konflikte zwischen dem Projektleiter und den anderen Teammitgliedern absehbar. Der Berater übernimmt daraufhin die Leitung dieser Besprechung und schützt somit seinen Auftraggeber vor einer möglicherweise imageschädigenden Situation.*

Ein berühmtes Beispiel für eine solche Strohmannrolle gab der Gründer der Unternehmensberatung McKinsey & Company, James O. McKinsey. 1937, in seinem letzten Projekt als festangestellter Geschäftsleiter, hatte er die Aufgabe, den Warenhauskonzern Marshall Field & Co. zu sanieren, der zum damaligen Zeitpunkt etwa 1700 Mitarbeiter zählte. Bei allem, was er damals tat, handelte er stellvertretend für den Eigentümer des Konzerns. Prof. Dr. Dietmar Fink beschreibt diese Situation so: »Wer nicht auf seiner Seite stand, der hatte das Unternehmen zu verlassen. McKinsey machte den Job, für den man ihn geholt hatte. In nur sechs Monaten löste er einen von zwei Geschäftsbereichen vollständig auf. 1200 Angestellte verloren ihren Arbeitsplatz, McKinsey erhielt Morddrohungen – und das Unternehmen schrieb tatsächlich wieder schwarze Zahlen.«[18]

Merkwürdigerweise nehmen Berater immer wieder diese Rollen ein, obwohl diese auf lange Sicht dazu beitragen, dass die Glaubwürdigkeit der Berater und der Wert ihrer Empfehlungen angezweifelt werden. Dass Berater dennoch bereit sind, diese Rollen zu übernehmen, liegt daran, dass immer noch Bedarf dafür besteht.[19]

Denn Tatsache ist: Beide Seiten gewinnen zunächst mit dieser Konstellation – der Auftraggeber, weil er sein Gesicht wahrt und seine Karriere vorantreibt, und der Berater, weil er die Gunst des Managers erlangt und deshalb auf Folgeaufträge hoffen kann. Solange Berater Rollen wie die des *Sündenbocks, Souffleurs* oder *Strohmanns* stillschweigend bekleiden, wird sich auch in Zukunft nichts ändern.

Doch was passiert dabei mit dem Wertesystem und der Identität des Beraters? Kann er das, was er da tut, mit seiner inneren Einstellung vereinbaren? Steht er auch wirklich dahinter, wenn er seinen Kopf hinhält, um die am häufigsten geforderte Rolle des Sündenbocks einzunehmen, damit der Auftraggeber sein Gesicht wahren kann? Wahrscheinlich ist das nicht. Der Berater schlüpft vielmehr in eine Rolle, die nicht seiner Identität entspricht. Für den Berufsalltag bedeutet das: Der Berater legt zu Arbeitsbeginn seine Identität vor der Bürotür ab, um es sinnbildlich auszudrücken. In seinem Büro sammelt er dann Zahlen, Daten und Fakten, damit der Auftraggeber diese dann als seine eigene Arbeit verkaufen kann. Oder er bereitet ein unangenehmes Gespräch mit einer anderen Unternehmensstelle vor, das er in Vertretung für den eigentlichen Verantwortlichen übernimmt. Unter diesen Voraussetzungen ist es auch kein Wunder, dass zur extremen zeitlichen Belastung in diesem Beruf auch eine emotionale Belastung dazukommt, da ein Berater sein Wertesystem praktisch »an den Nagel hängt«, während er seinen Job macht. »Der arme Berater!«, könnte man nun sagen, mit einer ordentlichen Portion Ironie – sollte sein prall gefülltes Konto nicht den entsprechenden Ausgleich für diese Belastung bieten?

> Berater legen jeden Tag ihre Identität vor der Bürotür ab und hängen ihr Wertesystem an den Nagel.

Fakt ist, dass selbst ein Millionenbetrag auf dem Bankkonto das, was im Menschen selbst passiert, nicht wettmachen kann. Es stellt nämlich für einen Menschen eine enorme Stresssituation dar, wenn ein Agieren entgegen dem eigenen Wertesystem zum Dauerzustand wird. Nur allzu oft wird diese Tatsache von der Gesellschaft verkannt. Der Mensch befindet sich in einer permanenten inneren Konfliktsituation und kämpft gegen seine Identität an, um seine Rolle erfüllen zu können. Allerdings kann sich der Betroffene auch selbst aus dieser Lage befreien. Er selbst hat es in der Hand, etwas an seinem Dilemma zu ändern – er muss es nur wollen und den ersten Schritt dafür tun. Das bedeutet für ihn aber auch, Gewohntes aufzugeben – etwa das hohe Einkommen sowie die Garantie, weitere Aufträge zu erhalten. Im Kapitel »Chance – Identität und Werteverständnis« wird dieses Thema detailliert aufgegriffen.

Bei der Auseinandersetzung mit der Kritik an der Beraterbranche darf nicht vergessen werden, dass sich Forschungen schwierig gestalten, weil der Markt mannigfaltig und daher nahezu unüberschaubar ist.

Es gibt sehr viele verschiedene Beratungsunternehmen in sehr unterschiedlichen Größen, von »One-Man-Shows« bis hin zu den Platzhirschen der Branche, die in vielen Ländern vertreten sind und mehrere tausend Mitarbeiter haben. Die Großen bieten ein meist großes und umfassendes Themenangebot, kleinere Beratungsunternehmen versuchen, sich mit speziellen Themen zu positionieren oder eine bestimmte Kundenklientel zu bedienen. Die Inhalte der Beratungsangebote sind extrem breit gefächert – Kunden können sich zu jedem erdenklichen Thema beraten lassen. Zusätzlich unterscheiden sich die Anbieter durch ihre Methoden, Ansätze und Philosophien. Daten zu Erfolgen und Misserfolgen konnten und können ebenfalls nur schwer erhoben werden. Zum einen berufen sich die Unternehmensberatungen auf ihre Schweigepflicht – zum anderen wird grundsätzlich vermieden, dass Misserfolge bekannt werden. Dies sind nicht gerade die besten Voraussetzungen, um Forschungsarbeiten für eine tragfähige Bewertung der Branche durchzuführen.

Die Tatsache, dass sich Wissenschaftler überhaupt kritisch mit der Beraterbranche auseinandersetzen, sollte allerdings nicht nur die potenziellen Kunden aufhorchen lassen, sondern vor allem die Berater selbst.

Der Stand beim Mittelstand

Während Berater in Großkonzernen sprichwörtlich zum Inventar gehören und sich immer weiter unentbehrlich machen, sieht die Sache im Mittelstand ganz anders aus. Nicht, dass Berater nicht versuchen würden, auch in diesem Businessbereich Fuß zu fassen – aber wegen der Firmenchefs im Mittelstand stellt sich das nicht so einfach dar. Eine im Frühjahr 2011 durchgeführte Befragung von 500 Geschäftsführern von Unternehmen unterschiedlicher Größe im Mittelstand ergab Folgendes:

Von den Firmen mit bis zu 250 Angestellten haben 43 Prozent noch nie einen Berater zum Akquisegespräch im Haus gehabt. In diesem

Segment finden sich auch verstärkt diejenigen Unternehmen, die ganz und gar nichts von Beratern halten (jeder fünfte der befragten Geschäftsführer). Selbst bei den etwas größeren Mittelständlern mit bis zu 1000 Angestellten hat jeder vierte Geschäftsführer noch nie einen Berater beauftragt.[20]

Ein Ergebnis, das überrascht.

Eine weitere Studie aus dem gleichen Jahr, bei der Entscheider auf Top-Managementebene zur Leistungs- und Zukunftsfähigkeit der Beraterbranche befragt wurden, untermauert dieses Ergebnis zusätzlich: »Unternehmensberatungen agieren am Markt vorbei.«[21] Hier wird unter anderem kritisiert, dass sogar die renommiertesten Unternehmensberatungen nicht mehr den aktuellen Anforderungen entsprechend agieren. Gerade die für Berater so interessante Vordenkerrolle sehen 65 Prozent der befragten Firmen nicht mehr gegeben. Auffallend in dieser Studie war, dass jedes vierte Unternehmen die schlechte Zusammenarbeit zwischen Berater und Kunde kritisierte, und zwar besonders in Situationen, in denen es darum ging, Wissen und Kompetenz so weiterzugeben, dass sie vom Auftraggeber auch verstanden und genutzt werden können.

Die Frage ist: Was ist am Mittelstand so anders, dass dieser immun gegen Beraterleistungen zu sein scheint? Vielleicht liegt es an der Unternehmensführung, die aufgrund der geringen Zahl ihrer Mitarbeiter näher an diesen dran ist und deren Leistung besser einschätzen kann. Vielleicht liegt es an der Tatsache, dass es dort keinen »Wasserkopf« gibt, der es schwer macht, wichtige Entscheidungen direkt umzusetzen. Mittelständler sind oft Familienunternehmen mit ganz eigenen Vorstellungen und Werten[22], denen es nicht notwendig erscheint, sich fremde Hilfe ins Haus zu holen. Hier sind die Firmenchefs der Meinung, dass sie nicht nur genügend Kompetenzen im Haus haben, sondern auch genug gesunden Menschenverstand, dass sie die anstehenden Probleme allein regeln können.

> **Der Mittelstand scheint gegen Beraterleistungen nahezu immun zu sein.**

Hinzu kommt, dass in Familienunternehmen die Firma und die Menschen, die dort arbeiten, auf ganz andere Art miteinander verbunden sind. Da wird ganz genau abgewogen, welche Geldmittel wofür eingesetzt werden und wo man besser sparen sollte. Die Angst, dass eine ganze Horde teurer Berater eine regelrechte Invasion starten oder mit undurchsichtigem Vorgehen Tage oder gar Wochen schlucken könnte, ist einfach zu groß. Außerdem verbreiten sich Gerüchte über das teure Scheitern von Beraterprojekten schnell. Selbst wenn diese – so sie denn überhaupt an die Öffentlichkeit kommen – nicht von den Medien gepusht werden, machen sie doch die Runde: Berichte von Beratern, die dem Firmenchef tolle Konzepte vorstellen, aber nach Auftragserteilung nur Schall und Rauch erzeugen, oder von »One-Man-Shows«, die vorgeben, alles zu können, und sich dann plötzlich wieder zurückziehen, weil sich herausstellt, dass das Ganze doch eine Nummer zu groß für sie ist. Aufgrund solcher Vertreter der Zunft haben es wirklich gute Berater – und die gibt es tatsächlich – richtig schwer, mit ihrem Wissen und Können dort zu helfen, wo Unterstützung wirklich nötig ist. Dem »Häuptling« des Familienunternehmens kann man das jedenfalls nicht übel nehmen.

Außerdem sind in den Augen von Mittelständlern die Honorare für Beraterleistungen viel zu hoch. Hier wird oft noch mit spitzem Stift kalkuliert, gerade weil man keine Garantie dafür hat, dass das Geld am Ende auch gewinnbringend eingesetzt sein wird. Darüber hinaus tut sich gerade der Mittelstand oft schwer mit Youngstern, die frisch von der Uni kommen, denn diese können natürlich keinerlei unternehmerische Erfahrung vorweisen. Klaus Reiner, Pressesprecher des Bundesverbands Deutscher Unternehmensberater e. V. (BDU), sieht insbesondere bei familiengeführten mittelständischen Unternehmen eine Art Selbstverständnis, das über Generationen gewachsen ist: Der Mittelstand kenne seine Produkte und Märkte am besten und brauche keine externe Unterstützung.

Dietmar Fink, Experte für Unternehmensberatung an der Hochschule Bonn-Rhein-Sieg, erklärt das so: »Mittelständler sind in der Regel nicht auf der Suche nach klangvollen Namen und global agierenden Beratungskonzernen. Für diese Klientel ist vor allem eins wichtig: Der

potenzielle Berater muss sie verstehen, er muss ihre Sprache sprechen.«[23] Laut Fink sind lange Listen von Referenzen für einen Mittelständler gar nicht von entscheidender Bedeutung. Was das Beratungsunternehmen bisher alles geschafft hat, ist nebensächlich. Wichtig ist
für einen Geschäftsführer lediglich, dass die Leute, die letztendlich
Einblick in sein Unternehmen bekommen, kompetent und zuverlässig sind und zu ihm als Kunden passen.

Die Passung von Berater und Kunde ist von so großer Wichtigkeit,
dass jedes Beratungsunternehmen sich das zu Herzen nehmen sollte.
Warum nicht darauf schauen, welcher Berater die Kongruenz per-
fektioniert? Ein solches Vorgehen könnte einen Beratertypus in den
Blick rücken, der so gar nicht dem Image des Beraters von heute entspricht.

Image:
Die Fassade der Unnahbarkeit

Es ist völlig egal, ob ein einzelner Berater in ein kleineres Unternehmen gerufen wird oder ob ein ganzer Bus voller Anzugträger mit auf Hochglanz polierten Schuhen in einen Konzern einmarschiert – das Image unnahbarer Experten, die ab sofort die Macht über die Zukunft des Unternehmens in Händen halten, wird unausweichlich mit Beratern assoziiert und ist allgegenwärtig. Doch was sind das für Leute, die scheinbar gerne den Eindruck erwecken, bei ihrer Arbeit nur Zahlen und nicht die Menschen im Kopf zu haben – ja sogar stolz auf dieses Image sind?

Schon beim Einstieg in die Berater-branche wird klar: Nur die Besten haben eine Chance.

Dass der Beruf des Beraters mit einer gewissen Besonderheit – vielleicht sogar Einzigartigkeit – einhergeht, bekommen schon die zu spüren, die eine Tätigkeit als Berater auch nur in Erwägung ziehen. Der klassische Werdegang führt die meisten jungen Interessenten zu den größeren Beratungsunternehmen mit den besten Aufstiegschancen. Schon hier stellt sich schnell heraus: Nur die Besten haben eine Chance. Top-Noten werden selbstverständlich vorausgesetzt, denn das zeugt von Willen, Exzellenz und Ehrgeiz – Eigenschaften, die als Voraussetzung dafür gelten, es einmal ganz nach oben schaffen zu können. Gute Noten allein sind allerdings noch lange kein Garant für eine Anstellung. Besonderes Talent ist gefragt – und so kommen noch weitere Aspekte zum Tragen. Berater-Anwärter haben mindestens schon eine Leitungsfunktion in einer Vereinigung innegehabt, soziale Verantwortung und natürlich Leitungskompetenz bewiesen. Zusätzlich erhöhen eine Promotion sowie Kenntnisse in mindestens zwei Fremdsprachen (selbstverständlich fließend) die Chance auf das begehrte Auswahlgespräch erheblich. Dass nur ganz ausgesuchte Individuen in diesen Kreis gelangen, erklärt sich von selbst, und das wissen diese jungen Leute – was erhebliche Auswirkungen auf ihr Selbstbild hat und verständlicherweise ihre Wahrnehmung vom Image des Berufs prägt.

Das Selbstbild des Beraters

Schon aufgrund der Tatsache, es in das Auswahlverfahren geschafft zu haben, entwickeln Anwärter ein ganz besonderes Selbstbild: »Ich bin gut – richtig gut! Ich bin etwas Besonderes!« Es ist das Gefühl, dazuzugehören zu diesem elitären Kreis von Spezialisten, die sich durch Aufnahme- und Strukturierungsfähigkeit auszeichnen und die komplexer denken und sich leichter anpassen können als die meisten anderen Kommilitonen. Die großen Beratungsunternehmen ziehen den größten Nutzen aus diesem Selbstbild – haben sie doch relativ günstige neue Mitarbeiter voller Tatendrang – auf Kosten ebendieser Youngster, die zum Zeitpunkt des Einstiegs in die Branche noch voller Motivation sind und 110 Prozent Arbeitseinsatz und mehr bringen.

Für viele ist Berater ein Traumjob, mit dem man innerhalb kürzester Zeit seine Karriere boosten kann. Klaus Reiners, Pressesprecher beim Bundesverband Deutscher Unternehmensberater BDU e. V., untermauert diese Auffassung mit der Aussage: »Ein Jahr in der Unternehmensberatung entspricht drei bis vier Jahren in anderen Wirtschaftsunternehmen.«[1] Die Karrierechancen sind in der Tat extrem interessant, wenn man in der Wirtschaft vorankommen möchte. Wer nicht in einem großen Beratungsunternehmen weiter aufsteigen möchte, dem bieten sich in den ersten drei bis fünf Jahren zahlreiche Möglichkeiten, sich von Kunden abwerben zu lassen. Diese Praxis ist sehr verbreitet und stellt eine Win-win-Situation dar: Der Berater hat mit seiner bisherigen Arbeit bewiesen, was er drauf hat, und der Kunde holt sich einen strategischen Spezialisten ins Haus, dessen Arbeitsweise er bereits kennt und der ihm von nun an allein zur Verfügung steht.

In keiner anderen Brache kann man in vergleichbar kurzer Zeit eine derartig große Bandbreite an Wissen aufnehmen. Als Berater landet man in Firmen, die ein Problem haben (obwohl Berater nie dieses Wort in den Mund nehmen, sondern immer von »Herausforderung« oder anglisiert »Issue« reden), analysiert die Situation und entwickelt einen Lösungsentwurf und die notwendigen Schritte für die Umsetzung. Die Fähigkeit, sich schnell in das Unternehmen einzudenken, bringen die Berater bereits mit – als Grundausstattung sozusagen. Das Entwickeln von immer wieder neuen Lösungen bringt jedes Mal einen immensen Wissenszuwachs mit sich, und mit jedem Projekt lernt man dazu. Learning on the job in Reinkultur – ein Paradies für karriereorientierte Berufseinsteiger.

> **Lösungen können logisch sinnvoll sein, aber dennoch den eigenen Werten entgegenstehen.**

Doch es gibt auch Schattenseiten: Es kommt immer wieder vor, dass Berater in Gewissenskonflikte geraten, nämlich dann, wenn ihre ausgearbeiteten Lösungsvorschläge nicht mit ihren Werten übereinstimmen. Logisch betrachtet – also nur unter Berücksichtigung von Daten und Fakten – mögen die erarbeiteten Lösungsvorschläge und Strategien vollkommen korrekt sein, doch in Bezug zu den eigenen Werten gesetzt, kann es ziemlich große Diskrepanzen geben. Sieht sich ein Berater regelmäßig mit solchen Situationen konfrontiert, sollte er seinen Job überdenken, denn irgendetwas scheint hier nicht zu passen. Auf Dauer bringt das mehr Frust als Lust, denn er muss hier in eine Rolle schlüpfen, die nicht seinem Naturell – seiner Identität und seinem Werteverständnis – entspricht.

Natürlich gibt es auch Berater, die regelrecht in ihrer Profession aufgehen. Sie ziehen keine Maske auf, die sie unnahbar macht, um möglichst allwissend und unantastbar zu wirken. Sie verkörpern einfach von Natur aus den typischen Berater und blühen bei ihrer täglichen Arbeit voll und ganz auf. Dass Menschen sich in diesem Punkt unterscheiden, liegt daran, dass sie ein unterschiedliches Werteverständnis haben. Das Werteverständnis ist etwas, das Berater (und natürlich auch alle anderen Menschen) in ihrem Denken, Fühlen und Handeln steuert – meist unbewusst.

Das Werteverständnis des klassischen Beraters

Jeder Mensch hat Werte, die ihn zu dem machen, der er ist. Das Thema Werteverständnis wird im Kapitel »Chance: Identität und Werteverständnis« ausführlicher betrachtet – an dieser Stelle soll es nur darum gehen, zu verstehen, mit welchem Typ Mensch man es zu tun hat, wenn man auf einen Berater trifft. Was geht vor in diesen Menschen, die Tag und Nacht über Tabellen und PowerPoint-Charts brüten? Warum tun sie das, was sie tun? Was treibt sie an? Wie »ticken« diese Anzugträger?

Der »klassische« Berater bewegt sich in seinem Werteverständnis auf einer Ebene, auf der er zum einen auf den persönlichen Erfolg fokussiert ist, aber zum anderen immer auch das Ganze im Blick behält und seinen Erfolg nicht automatisch auf Kosten anderer aufbaut (auch wenn das besonders bei radikalen Lösungsmaßnahmen in der Praxis oft geschieht). Seinen persönlichen Erfolg verbindet der Berater mit dem Ziel, Komfort, Vermögen, Besitz und Luxus zu erlangen, zu erhalten und weiter anwachsen zu lassen. Ihm ist es wichtig, sich ständig weiterzuentwickeln und dadurch seine Leistung permanent zu steigern. Weniger die überaus gute Bezahlung spornt einen Berater an, sondern vielmehr die Tatsache, »Bester seines Fachs« zu sein, das auch zeigen zu können und für diese außerordentliche Leistung Anerkennung zu bekommen.

Dabei wetteifert er auch gerne mit anderen – schließlich soll jeder sehen, wie gut er ist. Er lebt und arbeitet extrem zielorientiert, kämpft hart um den besten Platz und stellt diese Einstellung durch seinen sprichwörtlich unerschöpflichen Arbeitseinsatz unter Beweis. In jedem neuen Projekt sieht er nicht nur den Kick einer neuen Herausforderung, sondern auch die Möglichkeit, neue Horizonte zu entdecken und sein Wissen zu erweitern. Er weiß, was er kann, und verlässt sich ungern auf andere. Der klassische Berater ist sich durchaus bewusst, dass er mit seinen besonderen Fähigkeiten und Stärken nicht zur breiten Masse gehört – darauf ist er sehr stolz. Dieses ausgeprägte Selbstbewusstsein mag auf Dritte überheblich wirken – und es spiegelt die beschriebene Fassade der Unnahbarkeit. Eine nicht zu verachtende Fähigkeit ist die des Allroundblicks. Für einen Berater ist es von großem Vorteil, wenn er erkennt, was sprichwörtlich links und rechts des Weges los ist, um schnell zu begreifen, wie die Dinge zusammenhängen.

Weil er so sehr auf persönliches Wachstum fokussiert ist, schaut sich ein Berater seinen potenziellen Arbeitgeber auch genau an, bevor er sich um eine Stelle bewirbt. Hat der einen guten Namen im Markt, sieht der Berater die Möglichkeit, seinen Wissenshunger und seinen Geltungsdrang zu stillen. Dabei schmückt er sich gerne mit renommierten Namen der Branche, bleibt aber nur so lange, wie ein Arbeitgeber sein persönliches Wachstum fördern kann. Sieht er für die Zukunft keine Weiterentwicklungsmöglichkeiten mehr, orientiert er sich neu. Er findet entweder einen neuen Brötchengeber im vertrauten Bereich der Beraterbranche oder durch einen Wechsel in die Industrie (zu einem Kunden), oder er geht den Schritt, sich als Berater selbstständig zu machen. Letzteres kann er sich getrost leisten, weil sein Gehalt als Berater hoch genug war, um das nötige Startkapital aufzubringen.

Konkurrenzdenken, Geltungssucht und Leistungsdruck treiben viele Berater ins Burn-out.

Auf dieser Werteebene sind jedoch nicht nur positive Ausprägungen angesiedelt – auch negative Ausprägungen finden sich hier, die dem Berater mehr schaden als nutzen. Typische »Macken« auf dieser Ebene sind zu stark ausgeprägtes Konkurrenzdenken, Geltungssucht und Leistungsdruck sowie die Gier nach noch mehr Ansehen und Wohlstand. Diese Art des Denkens führt dazu, dass sich Berater permanent selbst unter erheblichen Leistungsdruck stellen, der immer weiter wächst. In Kombination mit privaten Konflikten, die sich durch den in der Branche üblichen Arbeitseinsatz oft entwickeln, ist ein Burn-out praktisch vorprogrammiert.

Es liegt in der Natur eines klassischen Beraters, Projekte schnell durchziehen zu wollen – was zusätzlich durch die Vorgaben der Auftraggeber geschürt und unterstützt wird. Besonders in Veränderungsprozessen ist diese Vorgehensweise für betroffene Mitarbeiter eines Unternehmens äußerst belastend, wenn zum Beispiel das Ziel der schnellen Kostenoptimierung auf ihren Schultern ausgetragen wird. Vor allem dann, wenn es darum geht, Ziele nachhaltig auszurichten, kann ein Berater mit seinem Drang nach schnellem Erfolg eher das Gegenteil von dem bewirken, was ursprünglich als Aufgabenstellung festgelegt war.

Dieser kleine Exkurs weckt vielleicht ein wenig Verständnis für die Welt eines Beraters – er handelt eben entsprechend seiner Werteebene. Solange er sich in einem Umfeld mit den entsprechenden Rahmenbedingungen bewegt, ist es sehr unwahrscheinlich, dass sich sein Werteverständnis ändert. Führen jedoch die Umstände dazu, dass er sein Denken, Fühlen und Handeln überdenkt und sich neu ausrichtet, wird er sich auch in eine andere Ebene »hineinentwickeln«. (Wie das genau funktioniert, und welche Rolle dabei die *Werteebenen* spielen, wird im Kapitel »Chance: Identität und Werteverständnis« erklärt.)

Doch im Augenblick ist etwas in Bewegung, das den Berater der Zukunft regelrecht zwingen wird, sich zu ändern oder anzupassen. Verschiedene Stimmen werden in der Wirtschaft laut, dass sich die Beratungsunternehmen in Zukunft radikal ändern müssen, um beim Kampf um Aufträge die Nase vorn zu haben. Dabei rückt das Wort *Sinnkrise*[2] in den Fokus. In einem gesättigten und umkämpften Markt stellen Kunden demnach immer lauter die Frage nach dem Nutzen von Beratungsleistungen. Große Beratungshäuser bauen weiter auf ihre weitreichende Expertise, für die Unternehmen immer noch horrende Summen bezahlen, und sind somit noch relativ sicher vor größeren Umsatzeinbrüchen. Vergleichsweise gut geht es auch den kleineren Unternehmensberatungen, die sich spezialisiert haben und ihren Kunden wertvolle Praxistipps geben können. Doch besonders die mittelgroßen Beratungshäuser[3] bekommen die aktuelle Lage zu spüren: Sie haben es verpasst, Arbeitsabläufe mithilfe von IT-Systemen zu optimieren. Früher wurde das fälschlicherweise als unwichtig erachtet. Heute werden die Folgen dieser Fehleinschätzung spürbar, weil Unternehmen nun genau in diesen Bereich investieren.

Was wir in den letzten Jahren schon beobachtet haben – und was sich aktuell weiter verstärkt und in Zukunft sicher von noch größerer Bedeutung sein wird – ist ein Trend zur individuellen Beratung in Verbindung mit Nahbarkeit. Das beschriebene Image eines klassischen Beraters macht deutlich, wie groß das Defizit in diesem Bereich noch ist. Analytisch und präzise sind sie alle – aber der Kunde möchte zunehmend eine Kombination aus Expertise und Soft Skills. Das Fehlen von Soft Skills wird heute als großes Manko gesehen und nicht mehr länger akzeptiert.

Wie Unternehmen sollten auch Berater die Sicht ihres Kunden ergründen.

Folgendes Praxisbeispiel beschreibt wunderbar eine Kombination aus Expertise und Soft Skills. Es zeigt, dass Sensibilität gegenüber dem Kunden im Grunde genommen jeden betrifft:

■ *Bei einem Gespräch mit einem Firmenkunden über seine neuen Herausforderungen offenbarte dieser dem Berater plötzlich sein Problem: Mit seinem 3000 Mitarbeiter starken Unternehmen hatte der Geschäftsführer über viele Jahre hinweg erfolgreich seine Produkte verkauft und war zu einer festen Größe in der Branche geworden. Nach langem konstanten Wachstum brach der Umsatz jedoch so stark ein, dass das Unternehmen innerhalb eines Jahres ins Minus rutschte. Auf die Frage, was wohl, im Nachhinein betrachtet, der Fehler gewesen sein könnte, gab der Kunde zu, eine dramatische Veränderung auf dem Markt zu spät erkannt zu haben. Er hatte lange Zeit seinen Schwerpunkt auf die Produkte gelegt und nicht mitbekommen, dass andere Anbieter in der Zwischenzeit dazu übergegangen waren, mit den Augen des Kunden zu sehen.*

Dem Berater wird das Gleiche abverlangt, und dies sollte er ebenso an seine Klienten weitergeben: dem Kunden aktiv zuhören, sich auf seine Ebene begeben, Fragen stellen – das alles liefert wertvolle Informationen, die dem Experten die Richtung weisen.

■ *Die Aufgabe im Beispiel war es nun, das Unternehmen so auszurichten, dass es mit den Augen des Kunden sehen lernte. Dazu wurden Mitarbeiter und Partner befragt, Chancen verglichen und Kundenideen hinterfragt. Aus diesen Erkenntnissen wurde eine neue Strategie entwickelt, die es dem Unternehmen ermöglichte, nicht nur neu durchzustarten, sondern auch in Zukunft Veränderungen schneller zu erkennen und darauf zu reagieren.*

Schaut man sich nun die Werteebene eines klassischen Beraters an, haben Soft Skills dort jedoch überhaupt keinen Platz. Was also tun? Um es auf den Punkt zu bringen: In der Beraterbranche muss sich etwas ändern. *Die Branche braucht einen Change!*

Unsicherheit: Es bewegt sich was

Es macht sich eine gehörige Portion Unsicherheit auf dem Beratermarkt breit – und das gleich an mehreren Fronten. Derek van Bever, Dozent an der Harvard Business School (HBS), hat in Gemeinschaftsarbeit mit Clayton M. Christensen und Diana Wang im *Harvard Business Manager* die Unternehmensberaterbranche unter die Lupe genommen und vier maßgebliche Entwicklungen formuliert:[1]

1. Einige Unternehmensberatungen werden eine stärkere Position auf dem Markt einnehmen, andere werden es nicht schaffen, zu überleben. Spitzenreiter werden diejenigen sein, die es schaffen, die klassische Beraterarbeit ein Stück weit zu erhalten, aber gleichzeitig auf ihre Kunden zugeschnittene Lösungen als Benchmark zu bieten.

2. Die Zielgruppe großer Beratungen besteht überwiegend aus Konzernen, was für sie auf Dauer gesehen zu einer Sackgasse werden kann. Der Grund dafür liegt darin, dass die kleineren Firmen mit ihren spezielleren Bedürfnissen als Kunden im Beratermarkt weiter an Bedeutung gewinnen werden, denn sie sind diejenigen, die das Thema *Disruption* (mehr dazu unter »Disruption – die ständige Bedrohung«) schüren können. Noch nehmen die »Großen« die »Kleinen« auf dem Markt nicht genug wahr. Die Retourkutsche dafür wird kommen.

3. Kunden fördern den neuen Trend der Modularisierung (mehr dazu in Kapitel »Der Berater von übermorgen – der Mensch«) – sie kaufen sich also nur die Teile der Beratungsleistung ein, die sie gerade für ein Projekt benötigen, und sparen damit Kosten.

Ein erheblicher Nachteil dieser Vorgehensweise ist, dass es an den Schnittstellen zwischen Beratung und Unternehmen zu Problemen kommen kann. Wer Wege findet, diese Schnittstellen ohne störende Naht zusammenzubringen, wird auf dem Markt die Nase vorn haben.

4. Analysetools und -software gibt es zurzeit in rauen Mengen, und sie erleichtern Beratern die Arbeit mit ihren Kunden. Daher gehören sie mittlerweile zur Standardausrüstung eines guten Beraters, und die Bedeutung solcher Tools wird noch weiter steigen. Das schließt auch die Verarbeitung von Big Data mit ein.

Vor allem im Bereich der Datenverarbeitung tut sich schon heute viel. Schaut man sich Netzwerke wie LinkedIn oder XING an, funktionieren diese wie internationale Talentbörsen. Möchte man miteinander kommunizieren, kann man das nahezu kostenlos tun, und Cloud Computing sorgt für einen reibungslosen Datenaustausch. Es sind praktisch alle möglichen Mittel vorhanden, sich das Wissen anderer zu leihen, es durch eigenes Wissen zu ergänzen und es daraufhin wieder weiterzuverkaufen.

Anbieter von Onlineberatungen nutzen die Möglichkeiten von Netzwerken seit über fünf Jahren und versprechen damit schnelle, aber auch anonyme Hilfe bei Kleinstprojekten.[2] Statt eine große Beratungsfirma engagieren zu müssen, stellen die Interessenten online eine gezielte Frage, die mit der dahinter geschalteten Software einer Kategorie zugeordnet und dann direkt an die Mitarbeiter der Onlineberatung weitergeleitet wird. Die eingehenden Anfragen sind klar gestellt, denn nur so ist eine Bearbeitung auf diesem Weg möglich. Ein produzierendes Unternehmen lässt zum Beispiel in einem bestimmten Zeitraum seine Preisspanne für eines seiner Produkte im Vergleich zum Wettbewerber analysieren, oder eine international aufgestellte Bank lässt einen bestimmten Bereich ihres Angebots auf dem asiatischen Markt untersuchen, um herauszufinden, wo Wachstumspotenzial stecken könnte.

Klar wird hier, dass diese Methode nur zu Analysezwecken verwendet werden kann, wenn man zum Beispiel einen Ist-Zustand in seiner Branche abfragen will. Die Ergebnisse sind entsprechend präzise, denn die gesamte Apparatur dahinter besteht aus jeder Menge Analysten, Rechercheuren sowie Fachexperten aus den unterschiedlichsten Branchen, die auch Steuerungsfunktionen übernehmen, ähnlich wie die Projektleiter in Beratungsunternehmen. Der Kunde bekommt sein Ergebnis online. Nur selten kommt es zu einem Kontakt per Telefon. Allerdings: Nicht jeder Kunde mag so etwas.

> **Onlineberatungen liefern präzise Ergebnisse meist ohne persönlichen Kontakt zum Kunden – doch nicht jeder mag so etwas.**

Die Betreiber der Plattform glauben an den zukünftigen Erfolg ihres Beratungsangebots, das jedoch eigentlich gar nicht so genannt werden kann, denn »Beratung« hat etwas mit Kommunikation, Austausch und ganz viel Vertrauen zu tun – und das findet hier nicht statt bzw. ist nicht gegeben. Hier geht es vielmehr um ein Bestellen von zielgerichteten Informationen, die nur ein Teil eines Projekts sind, das der Kunde dann womöglich im Alleingang durchzieht. Aber auch große Beratungsunternehmen kaufen auf diese Weise selbst Wissen ein, das sie im eigenen Haus nicht zu einem so niedrigen Preis ausarbeiten können. Zumindest dieser Bereich könnte sich für die Plattformanbieter als zukunftsträchtig erweisen, besonders dann, wenn sie gezwungen sind, den Gürtel noch enger zu schnallen, um bei den Kosten sparen zu können.

Doch es gibt noch weitere Tendenzen, die sich aktuell abzeichnen. Die bereits beschriebene gängige Praxis der Beratungsfirmen, absolute Frischlinge, die gerade von der Hochschule kommen, gleich im Projekt als Experten auftreten zu lassen, funktioniert immer weniger. Ebenso sorgen wachsende Kundenansprüche für Unruhe, wie auch der immer lauter werdende Ruf nach Beratern, die ein Konzept nicht nur entwickeln, sondern auch umsetzen können und wollen. Daneben fusionieren Unternehmensberatungen zu noch größeren Gebilden, um sich auch in Zeiten der Globalisierung einen Namen auf dem Markt zu sichern. Der Aufstieg neuer Konkurrenten, die Projekte verschlankt anbieten und somit effizienter und deutlich günstiger Expertenleistung garantieren, lassen diesen klassischen Wettbewerb jedoch alt aussehen.

Die eigentlichen Fragen, mit der sich jeder Berater auseinandersetzen sollte, lauten allerdings: Was will der Kunde? Was tut sich auf seinem Markt? Und weiter: Was können Berater daraus machen?

■ *Die* Telekom *hat genau das gemacht: sich damit auseinandergesetzt, was der Kunde will. Involviert war damals wie heute eine der ganz großen Unternehmensberatungen, der die Telekom als Stammklient einen niedrigen zweistelligen Millionenbetrag pro Jahr an Honorarkosten zahlt, sagen Branchenexperten.[3] Auch wenn über die Jahre gesehen im Beratungskonzern mehrmals intern die Verantwortlichen für die Telekom gewechselt haben, ist es dem Beratungsunternehmen gelungen, an diesem Kundenriesen dranzubleiben. Auf die Kappe der Berater geht nämlich die mittlerweile stärker kundenorientierte Ausrichtung der Telekom Deutschland. Während es früher einzelne Geschäftsbereiche wie T-Home, T-Mobile, T-Online und T-Systems gab, muss der Kunde heute bei seinen Anfragen und Herausforderungen nicht mehr zwischen den einzelnen Bereichen unterscheiden. Damals war die Gefahr groß, dass es zu Überschneidungen und Streuverlusten kam, weil die Bereiche völlig unabhängig voneinander Kundengespräche führen konnten. Die aktuelle Strategie »one face to the customer« ist mittlerweile erfolgreicher, denn den Kunden werden dabei für Telefon, Mobilfunk, Internet und Videokonferenzen geschlossene Konzepte geboten. Viele andere Anbieter können da nicht mithalten.*

Die Telekom hat damit ihre Einzigartigkeit herausgestellt, was in der heutigen Geschäftswelt immer wichtiger wird. Nur ein Produkt zu verkaufen, reicht mittlerweile meist nicht mehr aus, denn es gibt immer irgendwo Wettbewerber, die das gleiche Produkt in der gleichen Qualität anbieten können. Das einzige Unterscheidungskriterium, das einen Anbieter hervorhebt, sind demnach einzigartige Serviceleistungen. Das gelingt nur durch Zuhören, durch Umdenken und eben auch durch Querdenken – und durch den Mut, Neues zu wagen.

Ein einzigartiger Service wird in der heutigen Geschäftswelt immer wichtiger.

Hier haben wir sie wieder: die Veränderung. Sie ist allgegenwärtig, mal mehr, mal weniger dominant. Doch Jammern nützt nichts. Jeder Berater sollte sich das Credo von Clayton Christensen, Harvard-Professor für Betriebswirtschaft, verinnerlichen, dessen Forschungsschwerpunkt *Innovation in Unternehmen* ist: »Sei schneller als der externe Wandel.«[4]

Im Grunde genommen muss jeder Berater mit seiner individuellen Veränderung schneller sein, als die Welt es ist. Ändert sich das Umfeld, passt sich ein Berater am besten mit ganz individuellen Strategien an und behält zugleich das Wesentliche in der Branche vor Augen: nämlich die Interaktion mit den Kunden auf der einen und sich selbst auf der anderen Seite. Unternehmen als Beratungskunden tendieren auch heute noch dazu, vorgeben zu wollen, welches Spezialwissen sie einkaufen. Doch brauchen sie das wirklich? Wissen sie wirklich, was sie brauchen? Oder liegt der Hund vielleicht an ganz anderer Stelle begraben? Jetzt muss ein Berater den Mumm haben, seine Sicht der Dinge aus dem ganz anderen Blickwinkel von außen heraus offenzulegen und mit einem völlig außergewöhnlichen Lösungsansatz aufzuwarten – auch auf die Gefahr hin, dass sein Vorschlag in der Luft zerrissen und er vor die Tür gesetzt wird. Welcher Big Boss hört schon gerne Widerspruch? Doch am Ende wird man sich gerade an diesen Außenseitertypen mit seinem merkwürdigen Vorschlag erinnern und seine Dienste letztendlich doch in Anspruch nehmen.

Neben der Anpassung an Veränderungen und der Fähigkeit, die Kunden und sich selbst im Visier zu behalten, braucht die Branche unbedingt Beratertypen, die sich etwas trauen und neue Ideen in Projekte einbringen. Letztendlich sollte jeder Berater den Markt mitgestalten und durch sein Zutun aktiv prägen. Wer sich nur anpasst, kommt schnell in eine Jammerrolle, wird austauschbar und ist dann weit entfernt davon, kreativ und eine wertvolle Begleitung für seine Kunden zu sein. Nur wer etwas tut, kann seine Werte leben.

Aktuell ist Veränderung an vielen Stellen präsent und zwingt den Markt zur Reaktion. Wer ist diesen Angriffen gewachsen? Die Zukunft wird es zeigen. Hier eine Zusammenfassung der Veränderungen im Einzelnen – und zugleich ein Blick darauf, was von Beratern bereits heute gefordert wird.

Der Experte frisch von der Uni

Der Markt braucht Nachwuchs. Das steht außer Frage. Doch oft genug werden bereits Studenten, die sich für eine Karriere als Unternehmensberater interessieren, an die Kundenfront geschickt. Unternehmen erhoffen sich davon eine frische Denke und neue Ansätze für seit Langem festgefahrene Probleme oder einen Ideenschub. Bedingt mag das auch funktionieren – doch wenn Branchen- und Expertenwissen gefragt sind, haben Studenten keine Chance. Und in genau diese Richtung geht der Trend.

> **Wenn Branchen- und Expertenwissen gefragt sind, haben Studenten keine Chance.**

Einige Beratungsunternehmen haben bereits folgende Entwicklung beobachtet: Die Nachfrage nach klassischen Teamtrainings, die noch vor etwa vier bis fünf Jahren stark war, wandelt sich dahingehend, dass Kunden nun eher mit einem speziellen Problem auf die Berater zugehen und nach Lösungsvorschlägen fragen, etwa zu der Entwicklung ihres Wettbewerbermarkts.[5] Mit rein theoretischem Wissen kommen Berater dann nicht weiter. Sie müssen das Business der Auftraggeber kennen und es verstehen, also fachliche und branchenbezogene Expertise haben. Und das haben Frischlinge von der Uni nicht. Kann ein Berater diese Kompetenz nicht aufweisen und nicht mit Business-Erfahrung punkten, hat er Probleme, vom Kunden akzeptiert zu werden. Dazu kommt: Immer mehr Entscheider auf Kundenseite haben sehr viel Erfahrung, nicht zuletzt deshalb, weil einige selbst aus der Beraterbranche kommen.

Wachsende Ansprüche der Kunden

»Die Ansprüche der Kunden sind deutlich gestiegen«, lautet die Aussage von Dietmar Fink, Professor für Unternehmensberatung und -entwicklung aus Bonn. Das begründet er mit der Tatsache, dass in Führungsetagen mittlerweile viele Ex-Berater angesiedelt sind, die wissen, wovon sie reden, und entsprechende Leistungen einfordern.

Im Allgemeinen wird Kunden heute ein erheblich gestiegenes Selbstbewusstsein nachgesagt,[6] was zu einer gewissen Dominanz im Auftreten gegenüber Beratern beiträgt. Das wird noch zusätzlich geschürt durch die Ausschreibung von Projekten, ein Vorgehen, das die bis dahin übliche freie Vergabe aufgrund von Empfehlungen oder Erfahrungsaustausch abgelöst hat. Die Kunden erwarten heute von Beratern eine eindeutige Aussage darüber, in welcher Relation Kosten und Nutzen im Fall einer Projektvergabe stehen. Besonders Großunternehmen arbeiten mit internen Beratern, die diese Anforderungen in einem Anstellungsverhältnis mit Sicherheit erfüllen – zumindest gehen die Firmen davon aus. Zusammenfassend kommt hier wieder zum Ausdruck, dass die Auftraggeber eine partnerschaftliche Beziehung und ein Agieren auf Augenhöhe erwarten.

Dies beobachten Berater mitunter beim ersten Kundenkontakt, wenn sich Firmen im Vorfeld selbst Konzepte für Fachberatungen erarbeitet haben und den Berater gezielt für einen bestimmten Bereich beauftragen. HRler kontaktieren einen Berater, der aufgrund seiner Positionierung genau die Themen, Tools und Methoden anbietet, die sich das Unternehmen wünscht. Aber auch in Aus- oder Weiterbildungsseminaren tauchen immer mehr Führungskräfte auf, die ihr neues Wissen dann selbst in ihre Abteilungen bringen.[7]

> **Unternehmen, die mit bisherigen Beratungsleistungen unzufrieden waren, nehmen nun die Dinge selbst in die Hand.**

Ein weiterer wesentlicher Grund für die gestiegene Professionalisierung ist auch die Tatsache, dass die Unzufriedenheit der Auftraggeber mit der Beraterleistung an sich zugenommen hat. Skandale um komplett gescheiterte Projekte haben gezeigt, dass die Branche nicht unfehlbar ist und ihre Macken hat. Aber diesen Macken kann man entgegenwirken, wenn man als Unternehmen gewisse Dinge selbst in die Hand nimmt. Deshalb haben die Unternehmen erste Schritte eingeleitet, um die Steuerung und Kontrolle im eigenen Haus zu haben und zusätzlich Kosten zu sparen. Zum einen wurden der Einkauf und der Umgang mit Beraterleistungen zentralisiert,[8] zum anderen haben Firmen damit angefangen, Rahmenverträge mit solchen Beratungsanbietern abzuschließen, die als gut bewertet wurden.[9]

Wie professionell die Kunden geworden sind, haben der Consulting-Experte Prof. Dr. Michael Mohe und sein Team an der Universität Oldenburg im Jahr 2008 in einer Studie analysiert, zu der sie 500 der größten Unternehmen in Deutschland befragten, von denen letztendlich 161 an der Befragung teilnahmen.[10] Die Bewertung der aktuellen Professionalisierung nahmen sie über folgende Kriterien vor:

- Wie viele der Firmen hatten Einheiten, die sich um Einkauf und den Umgang mit Beratung kümmerten?
- Wie viele der Firmen hatten schon längere Geschäftsbeziehungen mit Beratern, die sich als besonders positiv bewährt haben (= bevorzugte Beratungen)?
- Wie viele Firmen planten, in Zukunft mit Beratern zusammenzuarbeiten?

Das Ergebnis:

Ein Drittel der Befragten hatte bisher Einheiten aufgebaut, die Beratungsleistungen steuern. 10,5 Prozent planten, eine solche Einheit innerhalb der nächsten zwei Jahre aufzubauen, und 56,1 Prozent waren nicht daran interessiert.

24,6 Prozent der Unternehmen hatten bereits ein Programm für eine bevorzugte Beratung und ebenso eine interne Einheit für Beratungsleistungen, wohingegen 43,9 Prozent keine der beiden Alternativen umsetzten. 8,7 Prozent der Unternehmen mit interner Einheit hatten keine bevorzugten Beratungen, aber 12,3 Prozent von denen ohne interne Einheit hatten schon eine solche definiert.

Weniger als die Hälfte der Unternehmen wendeten die genannten Maßnahmen zur Professionalisierung überhaupt an. 43,1 Prozent hatten bisher eine bevorzugte Beratung in Anspruch genommen. 55,5 Prozent hatten diese überhaupt noch nicht angewendet und nur 1,4 Prozent planten, diese einzuführen.

Insgesamt ist auffällig, dass es anscheinend von der Größe eines Unternehmens abhängt, ob Professionalisierungsmaßnahmen überhaupt in Betracht gezogen werden. Sie scheinen nur für Unternehmen mit hohem Umsatz bzw. vielen Mitarbeitern interessant zu sein, was wiederum verständlich ist, denn eine regelmäßige Weiterentwicklung in dieser Richtung ist auch mit hohen Fixkosten verbunden.

Was bedeutet das für die Beraterbranche?

Mohe zieht daraus folgende Schlüsse:

- Es gehört klar der Vergangenheit an, dass Kunden in einer unterlegenen Position gegenüber Beratern sind. Unternehmen verfolgen mittlerweile das Ziel, ihre eigene Position zu verbessern, um das Risiko beim Beratungseinkauf so niedrig wie möglich zu halten.

- Was die Beziehung angeht, ist eine Tendenz zu einer »professionellen Distanz«[11] erkennbar, da die Auftraggeber sich die Möglichkeit offen halten, Berater aus ihrem Datenpool zu entfernen, sollte die Leistung nicht mehr passen. Denn wenn sich ein Berater seiner Vorzugsposition als »Hausberater« zu sicher ist, könnte seine Leistung eventuell darunter leiden.

- Beratungsunternehmen müssen sich also generell darauf einstellen, auf kritische Kunden zu treffen, die ihr Leistungsversprechen hinterfragen. Dazu kommt, dass Berater in Zukunft noch sorgfältiger abwägen müssen, was lukrativer ist: sich auf die meist vom Kunden im Vorfeld erstellten Rahmenverträge einzulassen und damit auf längere Sicht relativ sicher Aufträge an der Hand zu haben – oder sich stattdessen mit möglichen geringeren Tagessätzen zufriedenzugeben.

Etwas weiter gedacht bedeuten diese Ergebnisse auch, dass Berater an sich selbst arbeiten müssen – mit Blick auf die eigene Weiterentwicklung und die Beziehung zum Kunden. Eine professionelle Distanz ist sicher wichtig, doch sollte man niemals verkennen, dass es immer auf eine Partnerschaft auf Zeit hinausläuft, in der es wichtig ist, dass sich der Kunde zu 100 Prozent auf seinen Berater verlassen kann.

Dazu gehörte neben Professionalität und Fachkompetenz auch die Begegnung mit dem Kunden auf Augenhöhe, die Fähigkeit, sich in dessen Situation hineinzufühlen, das Verständnis für dessen Sorgen und Ängste und das Vermitteln von Sicherheit und Aufrichtigkeit, aber genauso auch der Mumm, dem Kunden zu sagen, wo es hakt und warum – auch wenn ihm das vielleicht nicht gefällt.

Nach wie vor scheint es für Berater ein lukrativer Weg zu sein, die Beratungshäuser zu verlassen und in die Führungsetagen der Unternehmen abzuwandern, um eine zweite Karriere aufzubauen und ihr Wissen zielgerichtet einzusetzen. Christian Gorny, Vorstandsmitglied der Wirtschaftsprüfungs- und Steuerberatungskanzlei BDO, sieht eine problematische Entwicklung darin, dass bei einem solchen Wechsel in die Industrie viel Know-how aus den Unternehmensberatungen verschwindet.[12] Diese Lücke gilt es zu füllen. Hier ist ein anderes Recruiting gefragt, das verstärkt Quereinsteiger aus Unternehmen anspricht, die wiederum mit viel Praxiserfahrung punkten können. Ein völlig neuer Beratertyp entsteht also, der bereits Fach- und Branchenkenner ist und sich bei seinem Einstieg in die Beraterbranche mit der Arbeitsweise einer Consulting-Firma vertraut macht.

Der Kunde erwartet heute nicht mehr eine Lösung von der Stange. Dennoch scheint es gang und gäbe zu sein, dass alte Konzepte immer und immer wieder Verwendung finden – nur noch die Anpassung an das Layout des aktuellen Kunden muss vorgenommen werden (»den Firmennamen im Text nicht vergessen«), und schon kann man für viel Geld eine bereits entwickelte Strategie erneut teuer verkaufen und den Kunden zufriedenstellen.

> **Alte Konzepte finden immer wieder Verwendung, obwohl Kunden heute keine Lösung von der Stange wünschen.**

»Natürlich erfinden wir das Rad nicht immer neu«[13], ist die Antwort eines jungen Mitarbeiters eines großen Beratungsunternehmens auf die Frage, ob man als Berater nicht doch nur vorgegebene Konzepte umsetzt. Damit bestätigt er, dass es bestehende Konzepte und Methoden gibt, die immer wieder angewendet werden, weil sie sich schlichtweg als erfolgreich erwiesen haben. Mit dem Hintergedanken, dass sich die Welt um uns herum stetig verändert, drängt sich da jedoch eine Frage auf: *Funktionieren diese altbewährten Konzepte und Methoden eigentlich morgen auch noch?*

Besteht hier nicht die Gefahr, dass man als Berater auf einer routinierten Erfolgswelle schwimmt, deren Konzepte und Tools eigentlich schon längst kritisch hinterfragt und überarbeitet werden müssten? Im Grunde genommen erwartet der Kunde genau das. Doch wie ist das noch mal mit Veränderungen? Genau … sie sind eigentlich unerwünscht, denn man weiß nie, was passiert.

Das Konzept, das nur entwickelt wird

Berater sind deswegen Berater, weil sie eine ganz eigene Art haben zu denken. Sie sind überzeugt davon, dass sie einen Sachverhalt schnell verstehen, die Umstände gut aufnehmen und Lösungen klar und strukturiert erarbeiten können. Genau diese Kompetenzen sind es auch, die Unternehmen so schätzen und weiterhin suchen. Denn sie möchten die Lösung, auf die sie allein nicht kommen.

Dabei gehen Berater bis dato immer nach der gleichen Struktur vor: Ermitteln der Ausgangslage, Analyse derselben, Lösungsentwurf und die nötigen Schritte der Umsetzung. Diese vordefinierte Struktur zieht sich durch sämtliche Projekte. Ganz wichtig dabei ist die Grundhaltung: Alles ist messbar. Ist etwas einmal nicht messbar, kann es nicht als Vergleichsfaktor verwendet werden und ist deshalb vernachlässigbar. Immer das Ziel vor Augen, werden diese messbaren Kennzahlen ständig dazu verwendet, den Fortschritt eines Projekts zu dokumentieren. Manager lieben das. Sie fühlen sich wohl in der Welt der Zahlen, Tabellen und Charts. Der Otto Normalangestellte kann mit alledem nichts anfangen und fragt sich daher: »Diese Berater kennen unsere Firma doch gar nicht – woher wollen ausgerechnet die wissen, was zu tun ist?« Die Antwort darauf ist recht einfach: Sie sind überzeugt von dem, was sie tun. Sie nutzen das Wissen, das sie haben, ihre Kompetenz des analytischen Denkens und ihre positive

Einstellung, um den richtigen Weg für den Auftraggeber zu finden. Sie interpretieren das Gegebene, geben ihm eine Richtung und gehen davon aus, dass es die richtige ist. Beim Erarbeiten der Lösung werden diese Interpretationen immer wieder überprüft und durch weitere Fakten bestätigt, damit auch der letzte Zweifler es aufgibt, das Konzept infrage zu stellen. Dieses Muster wiederholt sich bei jedem Kundenprojekt.

Nun ist es zwar schön und gut, ein Konzept zu entwickeln, doch wie sieht es mit der Umsetzung aus? Sobald die Theorie steht, sehen die meisten Berater ihr Soll als erfüllt an. Schließlich wurden ihre »Köpfe« für Beraterleistungen »ausgeliehen«, und deren Einsatz endet nach der Erstellung des Konzepts. Der Kunde ist im Normalfall ab diesem Zeitpunkt auf sich allein gestellt. Das wird immer mehr zum Problem!

Auch hierzu eine Einschätzung von Dietmar Fink: »Anders als früher erwarten viele Kunden Unterstützung bei der Umsetzung der erarbeiteten Strategie. Mit den Konzepten allein geben sie sich nicht zufrieden.« Warum das so ist, liegt auf der Hand: Die Unternehmen brauchen für eine erfolgreiche Umsetzung kompetente Kräfte, die das Projekt begleiten. Die Führung selbst ist meist zu sehr in alten Mustern gefangen und müsste zuerst an sich selbst arbeiten,

> **Konzepte allein reichen nicht mehr, Kunden erwarten auch Unterstützung bei der Umsetzung.**

um Sachverhalte zu verstehen und die Teams entsprechend mitnehmen zu können (hierzu mehr im Kapitel »Chance: Identität und Werteverständnis«). Dazu kommt die Gefahr, dass sich die Rahmenbedingungen für Projekte jederzeit ändern können. Das bedeutet, dass das Veränderungsprojekt in seinem geplanten Ablauf entsprechend angepasst und mit den neuen Gegebenheiten abgestimmt werden müsste. Hierin brauchen Unternehmen am besten externe Unterstützung, die die Situation mit dem Blick von außen beurteilt und bei der Erarbeitung neuer Lösungswege unterstützt.

Werden all diese Faktoren nicht berücksichtigt – und das passiert, wenn Berater den Umsetzungsprozess nicht weiter begleiten –, ist der Erfolg des Projektes praktisch schon wieder in Frage gestellt.

Fusionen der Großen

Der Wettbewerb auf dem Beratermarkt ist hart. Gerade zwischen den ganz großen Beratungen ist er sogar so hart, dass diese angeblich in krisengeschüttelten Unternehmen sogar ohne Bezahlung Beratungen vornehmen, nur um in besseren Zeiten als Erste den Zuschlag für ein Projekt zu erhalten.[14] Besonders der Preisdruck macht den Beratungsunternehmen zu schaffen, nachdem mittlerweile eine Reihe von Spezialberatern auf ein bestimmtes Größenlevel angewachsen sind und ihre Leistungen in einem deutlich niedrigeren Preissegment anbieten. Darin tummeln sich auch die großen Wirtschaftsprüfer, die ihre Leistungen günstiger anbieten als klassische Managementberater. Laut dem Wirtschaftsexperten Dietmar Fink planen besonders die Wirtschaftsprüfer, ihre Aktivität im Beratungsgeschäft in Zukunft zu verdoppeln.[15] Dieses Geschäft verspricht nämlich höhere Margen und damit eine solidere Existenzsicherung. Im Gegenzug versuchen die Beratungsunternehmen mit gezielten Fusionen ihre Geschäfte auszuweiten und somit dem immensen Kostendruck entgegenzuwirken sowie Ertrag und Wachstum zu sichern.

Kunden expandieren immer mehr, was es kleineren und mittelgroßen Unternehmensberatungen, die nur in Deutschland angesiedelt sind, besonders schwer macht, bei internationalen Kundenprojekten Fuß zu fassen. Die Aussage von BDU-Präsident Antonio Schnieder unterstreicht die Notwenigkeit zu Zusammenschlüssen: »Wer als Consultant seine Klienten weltweit unterstützen will, muss oft wachsen, um global präsent sein zu können.«[16]

Bei einer Fusion profitieren sicherlich beide Seiten von den bereits bestehenden Kontakten – allerdings gibt es auch eine andere Seite der Medaille: Wirtschaftsprüfungs- und klassische Beratungshäuser »ticken« sehr unterschiedlich, und diese beiden Kulturtypen unter einen Hut zu bekommen, ist sicher mit gewissen Herausforderungen verbunden. Hier gilt besonders das Motto: *Drum prüfe, wer sich ewig bindet …*

Verschlankte Projekte

Besonders diejenigen, die wissen »wo der Hammer hängt« – sprich die vielen, vielen abgewanderten Consultants, die jetzt überall im Top-Management anzutreffen sind – schauen sehr genau, wo Kosten eingespart werden können. Eigentlich sollte man davon ausgehen, dass gerade Ex-Berater Projekte bevorzugt an Ex-Kollegen vergeben, doch die Realität sieht ganz anders aus: Diese Top-Manager stehen heute selbst unter einem hohen Erwartungs- und

> **Gerade die ehemaligen Consultants im Top-Management schauen sehr genau hin, wenn es darum geht, Kosten einzusparen.**

Ergebnisdruck. Sie treffen ihre Entscheidungen sozusagen mit angezogenen Daumenschrauben – immer darauf bedacht, die Beraterkosten im Zaum zu halten. Mit ihrem Insiderwissen in der Hinterhand wird akribisch geprüft, welche Tätigkeiten eventuell inhouse erledigt werden können und bei welchen Themen externe Berater unabdingbar sind. Es gibt sogar Consultingfirmen, die sich auf genau diese Thematik spezialisiert haben. Sie machen für Unternehmen die jeweils passenden »Best of the Best« für ein Thema ausfindig, überprüfen und zertifizieren diese und vermitteln sie entsprechend weiter. Mittlerweile wird diese Selektion sogar online angeboten – für die suchenden Kunden kostenlos.

Dabei ist es längst zum Standard geworden, dass Unternehmen selbst die Analyse für ein Projekt durchführen. Damit bricht schon mal dieser Bereich für die Beraterbranche allmählich weg. Die weitere Vorgehensweise wird in einzelne Phasen eingeteilt, und für jede Phase wird ein passender Consultant beauftragt. Ist eine Phase abgeschlossen, entscheidet eine weitere Bestandsanalyse darüber, an wen der Auftrag für die nächste Phase vergeben wird. Diese Vorgehensweise verschlankt die Projektteams, macht die einzelnen Schritte transparenter und garantiert eine bessere Übersicht über Kosten und Projekterfolg, denn etwaige Veränderungen der Rahmenbedingungen werden somit gleich abgefangen.

Klassische Beraterhäuser sehen sich aber noch einer ganz anderen Gefahr gegenüber, die mit der Projektverschlankung einhergeht –

und wieder sind die abgewanderten Consultants der Top-Häuser die Übeltäter: Mit einem neuen Consultingmodell, das etwa zu Beginn des neuen Jahrtausends gestartet ist, haben Unternehmen jetzt die Möglichkeit, für individuelle Projekte gezielt Spezialistenwissen von Berater-Freelancern einzusetzen, die einst bei Branchengrößen tätig waren, und das für weniger Geld. Auch hierfür gibt es mittlerweile Beraterunternehmen, die auf diese Weise Leistung für wenig Geld zur Verfügung stellen. Sie sprechen gezielt ehemalige Top-Berater an, die sich von den Großen verabschiedet haben. Diese Vermittler haben den Vorteil, dass das Know-how ihrer Mitarbeiter bereits enorm ist, sodass sie keine Kosten für Ausbildungen oder Weiterbildungen zu schultern haben. Außerdem können sie davon ausgehen, dass die Chemie zwischen dem Kunden und dem vermittelten Consultant stimmen wird, denn der kennt sich bereits bestens in der Kunst aus, dem Kunden ein wertvoller »Partner auf Zeit« zu sein.

Welche Konsequenzen werden die großen Beratungshäuser daraus ziehen?

Disruption – die ständige Bedrohung

Es ist eigentlich völlig egal, in welcher Branche man sich befindet – Disruption ist eine allgegenwärtige Gefahr, die von vielen leider unterschätzt wird. Sobald neue Wettbewerber mit ebenso neuen Geschäftsmodellen auf den Markt kommen, werden sie zwar beobachtet, aber ihr möglicher Erfolg wird ignoriert. Schafft es solch ein »Markteindringling«, dass sein Geschäftsmodell für spezielle Kunden interessant ist, wird er weiter an Qualität und Nutzen für den Kunden feilen – bis sein Produkt oder seine Dienstleistung für den breiten Markt von Interesse ist. Und plötzlich gibt es einen weiteren Dominator, der den Großen das Wasser abgräbt. Der Markt ist praktisch über Nacht ein anderer geworden, und das nur, weil man sich seiner Position zu sicher war, die Augen vor der Realität verschlossen und es versäumt hat, bereits bei den ersten Anzeichen zu reagieren.

Interessant ist die Tatsache, dass Berater zwar absolute Experten darin sind, neue Strategien für andere zu erarbeiten, gleichzeitig aber im eigenen Haus nur selten etwas Neues entwickeln, mit dem man auf den Markt streben könnte. Neue Beratungsmodelle zu erarbeiten gestaltet sich für ein traditionelles Beratungsunternehmen schwierig, weil man dafür Kapazitäten im eigenen Haus abziehen muss, die dann an anderer Stelle wieder fehlen. Zudem stellt

> **Berater sind zwar Experten darin, neue Strategien zu erarbeiten, doch im eigenen Haus entwickeln sie nur selten etwas Neues.**

sich die Frage, wie man mit einem möglichen Erfolg eines disruptiven Modells umgehen soll. Ein günstigeres Dienstleistungsangebot kann schnell zum bevorzugten Angebot werden, wenn dabei die Leistung stimmt. Damit entsteht automatisch ein Konflikt mit dem seit Jahren bewährten, aber teureren Angebot, das eigentlich das Kerngeschäft ausmachen soll. Als Folge müsste die Beratungsfirma eventuell längerfristige Investitionen einplanen und sich gleichzeitig auf niedrigere Gehälter sowie geringere Boni einstellen.

Solch eine Tendenz ist auch aktuell auf dem Beratermarkt zu beobachten. Einige überaus konkurrenzfähige Geschäftsmodelle wurden bereits beschrieben. Natürlich sind diese, insbesondere im Vergleich mit den großen, einflussreichen Beratungsunternehmen, noch relativ klein ... noch. Die Zahlen sprechen für sich: Vor ca. 30 Jahren lag der Anteil klassischer Strategieberatungen noch bei 60 bis 90 Prozent, heute sind das nur noch 20 Prozent.[17] Damals hätte niemand damit gerechnet, dass dieser Bereich in Zukunft bedroht sein könnte. Doch die Tendenz geht heute sogar dahin, dass Berater in Zukunft möglicherweise den Großteil ihrer Projekte nicht mehr nach geleisteten Stunden abrechnen werden, sondern danach, welchen Wert ihre Dienstleitung für den Kunden hat.

Noch gibt es keine schwerwiegende Bedrohung durch Disruption auf dem Beratermarkt. Experten sind sich aber einig, dass in nicht allzu ferner Zukunft der ein oder andere einpacken muss, weil er die Zeichen der Zeit zu spät erkannt hat. Deshalb gilt: *Augen auf!*

Was will der Kunde?

Kundenbedürfnisse – ein omnipräsentes Schlagwort, hinter dem so viel steckt, von dem die wenigsten aber genau wissen, was es genau bedeutet. Überall werben Berater damit, Konzepte nach Kundenbedürfnissen auszurichten, den Kunden dabei zu helfen, ihre Ziele zu erreichen – was auch immer diese sein mögen. Nur leider liegt es offenbar in der Natur der meisten Berater, bereits zu Beginn des ersten Gesprächs zu wissen, was der Kunde will. Schließlich sind das alles Erfahrungswerte – und genau mit dieser Haltung wird ein Erstgespräch weitergeführt. Leider liegt genau an dieser Stelle der entscheidende Fehler: Der weitere Verlauf ist bereits festgelegt – wie eine Eisenbahnstrecke, auf der lange keine Weichen auftauchen. Wird die Strecke an einer Stelle plötzlich durch einen Erdrutsch verschüttet, hat der Zug nicht die Möglichkeit, ein paar Kilometer zurückzufahren und auf ein anderes Gleis auszuweichen.

Die Metapher ist einleuchtend: Kommt es im geplanten Projekt zu einem Zwischenfall, stehen plötzlich alle Beteiligten vor einem riesengroßen Problem. Wie geht's jetzt weiter? Das war so nicht vorgesehen! Auch Alternativen waren nicht eingeplant. Es existiert kein Plan B. Wie konnte das passieren? Vielleicht hätte man dem Kunden besser zuhören sollen? Vielleicht hätte man sich ganz zurücknehmen sollen, um im Erstgespräch in Erfahrung zu bringen, welche Steine im Weg liegen könnten? Die Ausarbeitung wäre höchstwahrscheinlich in eine völlig andere Richtung gegangen – eine Richtung, die man nur gemeinsam mit dem Kunden finden kann.

> **Oft enthält ein einzelner Satz den Schlüssel zur Lösung – man muss dem Kunden nur zuhören.**

Oft ist es nur ein einzelner Satz, der nebenbei im Meeting fällt und der letztendlich *die* Lösung bringt. So geschehen bei einem Termin mit einem Kunden, dessen Marketingleiter nur drei kurze Sätze in die Runde warf: »Wir denken alle in einer falschen Welt. Heute sollte man Produkte innerhalb von 24 Stunden einführen können. High Speed Selling ist heute angesagt.«[18] Eigentlich war dieser Einwand eher als Witz gedacht – einem Berater ließ das jedoch keine Ruhe. Nach ein paar Tagen Recherche stand die Lösung fest: ein interaktiver, digitaler Verkäufer mit dem Namen Salesmonial. Abgeleitet vom bekannten Testimonial entstand auf diese Weise ein Konzept, das interaktiv, 24 Stunden lang und an sieben Tagen die Woche eingesetzt werden kann. Der Kunde war begeistert. Vor allen Dingen, weil er nicht damit gerechnet hatte, dass seine Worte ernst genommen wurden.

Was will der Kunde wirklich? Dass ihm ein Fachspezialist mit Branchen-Know-how gegenübersitzt, der ihm zuhört, der die Unternehmenskultur erspürt und der zwischen den Zeilen lesen kann und erkennt, welche Werte hier kursieren. Der das ganze Schachbrett im Blick hat und genau weiß, warum Feld B2 eine Auswirkung auf Feld B7 hat. Der die Zusammenhänge zwischen den Menschen und dem Unternehmen versteht und die Nuancen von morgen erspürt. Und der empathisch und nahbar ist und das Unternehmen und die Menschen durch den Prozess begleitet.

Ein Berater hat schon heute die Chance, sich seiner Person – seiner Identität und seines Werteverständnisses – bewusst zu werden und dadurch zu einem realen »Gandalf« für seine Kunden zu werden.

Chance:
Identität und Werteverständnis

Was treibt einen Berater an, das zu tun, was er tut?

Geld?
Sicher.

Macht?
Vielleicht auch das.

Der Nervenkitzel?
Möglich.

Das lässt sich noch ein wenig weiterdenken: Was bringt einige wenige an die Spitze und was lässt andere nach zwei bis fünf Jahren die Branche wechseln? Was treibt manche in ein Burn-out und lässt andere zur Höchstform auflaufen? Der eine, der hervorragend mit dieser ganz eigenen Welt der Beraterbranche zurechtkommt, kann den anderen, der sich dort gar nicht wohlfühlt, nicht verstehen. Dennoch gibt es eine ganz simple Erklärung für diese Unterschiede: Die Antworten liegen in jedem Menschen selbst – und zwar in dessen Identität und Werteverständnis.

Jeder Mensch hat individuelle Vorlieben, Abneigungen, Träume, Ängste, Wünsche usw. Diese ganzen »Eigenheiten« haben sich von Geburt an entwickelt, sind gereift, haben sich immer wieder verlagert und mehr oder weniger stark ausgeprägt. Warum das so ist, erklärt sich aus der Entwicklung des Menschen innerhalb seines Umfeldes, das ihn ganz stark prägt. Jeder Mensch durchläuft von seiner Geburt bis zum Tod bestimmte Werteebenen, die ihn so denken, fühlen und handeln lassen, wie er es für sich persönlich als richtig empfindet. Wird er dabei nicht »gestört« – also von Dritten in irgendeiner Art beeinflusst oder gar gezwungen, etwas zu tun, das seinem Werteverständnis widerspricht – kann er seine Identität leben, sich frei entfalten, seine Talente einsetzen und sich so zu einer starken Persönlichkeit entwickeln. Fachleute bezeichnen diese Theorie als *konstruktivistische Identitätstheorie*. Mit der Realität hat der beschriebene gelungene Ablauf dieser Entwicklung leider oft nichts gemein. In unserer Gesellschaft ist eher die Tendenz zum Gegenteil zu beobachten, und das sieht so aus: Der Mensch wird in eine Welt geboren, die wenig Verständnis zeigt. Er wird nicht beachtet und in seiner Entwicklung eingeengt. Unter diesen Voraussetzungen entwickelt er sich dann zu einer schwachen Persönlichkeit, die immer und überall völlig überfordert nach Bestätigung und Anerkennung sucht und dabei von Zweifeln begleitet wird. Irgendwo zwischen diesen beiden Extremen, zwischen einer sehr starken und einer sehr schwachen Persönlichkeit, ist jeder Mensch angesiedelt.

Wird der Mensch in seiner Entwicklung gehemmt, fühlt er sich permanent dazu getrieben, seine sozialen Fähigkeiten und Leistungen weiter auszubauen. Er ist gefangen in einer Rolle, in der er funktionieren muss. Ein Kind etwa, dessen gute Leistungen in der Schule nicht von den Eltern anerkannt werden, wird woanders nach dieser Anerkennung suchen. Gelingt es ihm, diese Anerkennung zu bekommen, ist das für das Kind ein Antrieb, weitere gute Leistungen zu erbringen. Trotzdem wird es weiterhin versuchen, auch die Anerkennung der Eltern zu erhalten.

> **Wer in seiner Entwicklung gehemmt wurde, ist gefangen in einer Rolle.**

Ganz entscheidend hierbei ist: Wie sieht sich das Kind selbst? Fühlt es sich innerlich genug bestätigt, um das auch selbstsicher nach außen zeigen zu können? Ist es von sich überzeugt und kann es das auch in seinem Denken, Fühlen und Handeln so ausdrücken? Dann lebt es seine Identität. Es ist authentisch, echt. Zweifelt das Kind jedoch tief im Inneren an sich selbst, zeigt nach außen aber das Bild des selbstsicheren Leistungsbringers, steht es durch diese innere Unsicherheit permanent in einem persönlichen Konflikt. Es spielt eine Rolle. Auf Dauer macht das krank.

Übertragen auf Berater bedeutet das: Gibt ein Berater nach außen vor, der toughe Typ zu sein, der vor keinem noch so herausfordernden Projekt zurückschreckt, wird dabei aber innerlich von Zweifeln begleitet, ob er den hohen Anforderungen überhaupt gewachsen ist, dann wird er irgendwann an einen Punkt kommen, an dem er nicht mehr weiter kann. Der innere Konflikt hat dann seinen Höhepunkt erreicht. Der Schein nach außen kann nicht mehr länger gewahrt werden. Die Fassade beginnt zu bröckeln.

Dieser innere Konflikt der Identität kommt deswegen zustande, weil das Wertesystem der betroffenen Person nicht mit ihrem Umfeld und deren Regeln, Erwartungen und Vorgaben übereinstimmt.

Werte in Unternehmen

Was bleibt, wenn ich gehe?
Was will ich als Berater einmal hinterlassen auf dieser Welt?
Welche Fußabdrücke sollen von mir zurückbleiben?

Diese grundlegenden Fragen sollte sich jeder gute Berater immer wieder stellen, wenn er mit seiner Tätigkeit etwas für die Zukunft Bedeutendes, etwas Bleibendes hinterlassen möchte. Das sollte eine Grundhaltung aller Berater sein. Was das Bleibende und Bedeutsame im Einzelfall sein könnte, ist individuell unterschiedlich und wird durch das eigene Wertesystem gesteuert. Was ein Wertesystem ist und bedeutet, verstehen jedoch viele Menschen immer noch nicht, obwohl der Wertebegriff in den letzten Jahren immer wieder aufgetaucht ist.

Besonders in der Industrie ist der Begriff *Werte* aktuell zuhause, und zwar in dem schönen Wort *Unternehmenswerte*. Über die liest man überall etwas, sie sind überall bekannt und werden überall gelebt – angeblich. Nur wissen die meisten Menschen gar nicht, warum das Thema *Werte* so wichtig ist.

Unternehmenswerte sind in der Priorität innerhalb der Unternehmenspolitik von US-amerikanischen und europäischen Firmen ganz nach oben gerückt. Eine Studie über wertegetriebene Unternehmen in Europa, die von der Wertekommission in Zusammenarbeit mit der MP Management Partner Unternehmensberatung und der ACE Allied Consultants Europe im Jahr 2007 durchgeführt wurde, zeigt, dass zwei Drittel der europäischen Unternehmen der Überzeugung sind, »dass Werte nicht nur bedeutsam für sie selbst sind, sondern dass Werteorientierung die Basis ihres Erfolges ist. Mehr denn je sind Unternehmen bestrebt, dass ihre Führungskräfte und Mitarbeiter sich nicht nur an Werte halten, sondern auch außerhalb des Unternehmens daran erkannt werden, für wen sie arbeiten.«[1] Ein Beispiel: Als die Ergebnisse der Studie im Mai 2007 im Rahmen eines Werteforums in Stuttgart vorgestellt wurden, formulierte ein Diskussionsteilnehmer die Dienstleistungsorientierung seines Unternehmens sehr treffend: »Man muss Menschen mögen.«

An der Studie haben 550 Firmen aus ganz Europa und allen Industriebranchen teilgenommen. Von den befragten Unternehmen waren zu diesem Zeitpunkt fast drei Viertel seit über 30 Jahren erfolgreich auf dem Markt. Ziel der Studie war es, die Erfolgsfaktoren dieser Organisationen mit Hilfe folgender Fragen zu beleuchten:

- Was sind ihre Grundwerte?
- Wie manifestieren sich die Werte zum Zeitpunkt der Studie?
- Wie wird die Entwicklung der Werte in den nächsten Jahren aussehen?
- Ist der Erfolg lediglich auf den wirtschaftlichen Erfolg beschränkt, oder zählen auch Kundenbindung, Mitarbeiterzufriedenheit, Qualität, Innovationsstärke u. Ä. dazu?
- Was sind die Wertetreiber in Unternehmen zum Zeitpunkt der Studie?

Fast alle Teilnehmer der Studie haben angegeben, dass Werte ihren »Wert« haben, weil sie das Fundament für unternehmerischen Erfolg bilden. Dabei sehen die Befragten einen Schwerpunkt auf Werten, die mit Mitarbeiterzufriedenheit und Glaubwürdigkeit zu tun haben. Werte rund um den Begriff *Innovationsstärke* werden als eher sekundär gesehen. 67 Prozent der Befragten gaben an, dass Werte einen wesentlichen Beitrag zum Erfolg leisten, wobei besonders unter der Gruppe der Dienstleister diese Ansicht mit 76 Prozent noch mehr unterstützt wird. Auffallend ist, dass dem Management eine hohe Bedeutung beigemessen wird. Es wird also gefordert, dass dessen Führungsstil werteorientiert ausgerichtet ist und dass Manager auch Botschafter von Werten sind. 79 Prozent geben an, den Führungsstil entsprechend in den Grundwerten verankert zu haben.

In Unternehmen gilt heute: Werte haben ihren Wert.

Je erfolgreicher ein Unternehmen ist, desto mehr achtet es auf die Ausrichtung und die Umsetzung seiner Werte nach außen, wie zum Beispiel in Marktposition, Kundenbeziehungen und bei Umweltfaktoren. Sind die Unternehmen weniger erfolgreich, achten sie eher auf Werte, die für die innere Struktur wichtig sind, etwa bei Geschäftsprozessen und Visionen.

Sehr deutlich wird in dieser Studie auch, dass es fast zwei Dritteln der befragten erfolgreichen Unternehmen besonders wichtig ist, dass und wie Werte innerhalb ihrer Organisation gelebt werden. Auch hier stechen wieder besonders die Dienstleister mit 68 Prozent hervor.

Die Studie führt zu der Schlussfolgerung, dass es nicht ausreicht, Werte einfach nur zu definieren – sie müssen in den Unternehmen auch gelebt werden. Dabei wird besonders Führungskräften die entscheidende Aufgabe zuteil, Werte selbst vorzuleben und damit ihre Teams zu motivieren, dasselbe zu tun. Werden Werte allseits verinnerlicht und können sich die Mitarbeiter mit ihnen identifizieren, spiegelt sich das intern wie extern wider. Das Management der befragten Firmen war überzeugt davon, dass die Unternehmenswerte nicht nur vertreten, sondern auch weiterentwickelt werden müssen – es zeichnet sich ab, dass dies in Zukunft für erfolgreiche Unternehmen noch wichtiger werden wird.

So ist das in Industrie & Co ... und in Unternehmensberatungen sieht das nicht anders aus!

Werte in der Beratung

Werte sind es also, die Licht ins Dunkel bringen bei der eingangs ge-stellten Frage: *Was treibt einen Berater an, das zu tun, was er tut?*

Werte sind Einstellungen, die tief im Menschen ver-wurzelt sind und ihn antreiben, aber auch hemmen können. Auf der einen Seite motivieren Werte wie Mut, Selbstvertrauen, Stärke oder Zuverlässigkeit und stellen Anreize dar, sich hochgesteckte Ziele zu setzen. Auf der anderen Seite schützen Werte wie zum Beispiel Respekt, Achtung, Ehrlichkeit oder Aufrichtigkeit vor Angriffen von außen. Werte ge-ben Orientierung und sind »Leitplanken fürs Le-ben«. Jeder Mensch ist also wertegesteuert. Dass nicht jeder »tickt« wie der andere, ist darauf zurückzuführen, dass für jeden andere Wer-te gelten und dass dieselben Werte bei verschiedenen Menschen eine unterschiedliche Gewichtung haben. Dabei befindet sich jedes Indi-viduum auf einer Werteebene, auf der bestimmte Werte anzutreffen sind, die – je nach persönlicher Gewichtung – mehr oder weniger stark ausgeprägt sind.

> **Werte können Berater in ihrem Tun bestärken und antreiben, aber auch hemmen.**

Ein Modell, dass diese Sichtweise anschaulich erklärt, ist das »9 Le-vels of Value Systems« von Rainer Krumm, bei dem die neun Werte-ebenen zur Orientierung nach Farben benannt sind:[2]

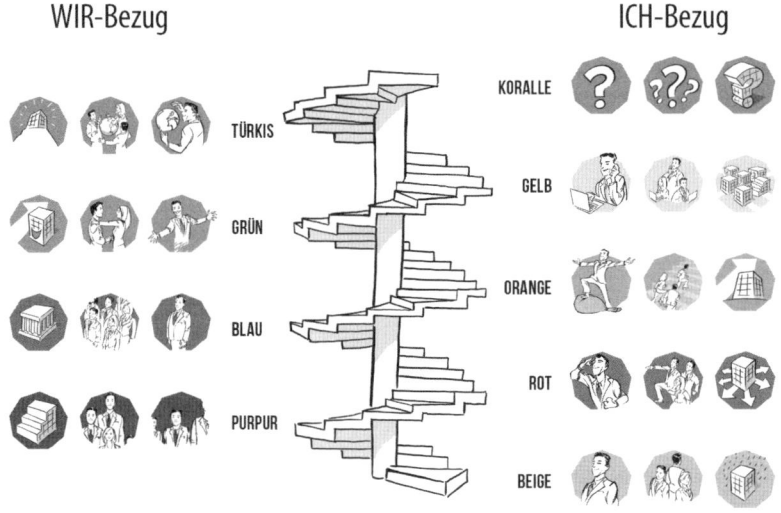

WIR-Bezug   ICH-Bezug

KORALLE

TÜRKIS

GELB

GRÜN

ORANGE

BLAU

ROT

PURPUR

BEIGE

1. Level: Beige

Für Menschen auf der untersten der neun Werteebenen geht es lediglich um Schutz und Überleben. Im Business-Kontext ist dieser Level
noch nicht relevant, weil auf dieser Ebene die Existenz des mensch-
lichen Lebens erst beginnt. Ein Neugeborenes, das Nahrung, Schutz
und Geborgenheit braucht, um zu überleben, startet zum Beispiel auf
dieser Ebene. Im Laufe seiner Entwicklung kommen immer mehr
Eindrücke, Erfahrungen und Erkenntnisse dazu. Eltern prägen das
kindliche Verhalten, genauso wie später Kindergarten und Schule
Werte vorleben. Das Kind entwickelt daraus sein ganz eigenes Werteverständnis. Der Übergang in den zweiten Level wird vollzogen.

2. Level: Purpur

Der Mensch auf dem zweiten Level ist Teil einer Gemeinschaft. Hier
gibt es einen Anführer, der sagt, wo's langgeht. Es gibt Regeln, die
zwar nicht schriftlich festgehalten sind, aber auch nicht hinterfragt

werden. Hier wird Gehorsam gefordert, aber gleichzeitig auch Schutz und Sicherheit gewährleistet. Tradition wird auf diesem Level großgeschrieben und aktiv weiter überliefert. Werte auf dieser Ebene sind: Heimat, Geborgenheit, Gastfreundschaft, Zugehörigkeit, Bindung, Gewohnheit, Respekt vor Tabus, Gehorsam etc.

■ *Auf dieser Werteebene trifft man Berater, die in ihrer Region verwurzelt sind und Mittelstandsunternehmen beraten, die erwarten, dass ihr Berater sie und die Gegebenheiten an ihrem Standort versteht. Purpurne Berater knüpfen an Tradition und den Gründergeist an. Sie respektieren die Gründerfamilie und den »Fürsten dieses Fürstentums« und können mit dieser Situation gut umgehen. Der Firmeninhaber darf von diesen Beratern absolute Unterstützung erwarten, wenn es darum geht, seine eigene Stellung auszubauen und zu festigen.*

3. Level: Rot

Menschen auf diesem Level sind Ich-zentriert und strotzen nur so vor Selbstvertrauen und Stärke. Sie streben nach Macht, Ansehen und persönlichem Erfolg, den sie auch gerne ohne Rücksicht auf Verluste ansteuern. Sie arbeiten am liebsten im Alleingang und wollen um jeden Preis gewinnen. Werte auf dieser Ebene sind: Stärke, Ehre, Durchsetzungsvermögen, Dominanz, Einforderung von Respekt, Impulsivität, Ego-zentriertes Denken etc.

■ *Auf dieser Werteebene fühlen sich einige Berater sehr wohl. Hier haben sie die Möglichkeit, »ihr Ding durchzuziehen«, und können beweisen, dass sie die Besten sind. Tatsächlich sind besonders erfolgsorientierte Berater, die es nach ganz oben schaffen wollen, hier angesiedelt.*

4. Level: Blau

Auf dem vierten Level befinden sich Menschen, die Ordnung, Zuverlässigkeit und Kontrolle brauchen. Für sie ist die Gemeinschaft wichtig. Sie nehmen sich als Teil eines Systems wahr, in dem Gerechtigkeit eine große Bedeutung hat. Jeder hat in dieser Gemeinschaft klare Aufgaben, und es gibt Regeln, nach denen gelebt und gehandelt wird. Werte auf dieser Ebene sind: Pflichtbewusstsein, Ehrlichkeit, Loyalität, Disziplin, Stabilität, Klarheit, Sicherheit etc.

> *Es ist vorstellbar, dass manche Youngster im Beratungsbusiness, die gerne im Team ihr hohes Maß an Pflichtbewusstsein ausleben wollen, hier anzutreffen sind. Blaue Berater strukturieren gerne, stellen Regeln auf, führen Formulare ein und setzen auf eine klare Ordnung. Aus ihrer Sicht kann ein Unternehmen nur so funktionieren. Sobald sie jedoch auf den typischen roten Kollegen treffen, sehen sie ihre eigenen Werte mit Füßen getreten und kommen mit den »Roten« überhaupt nicht klar. Als Folge werden sich Berater dieser Ebene recht bald einen anderen Arbeitgeber suchen, der besser zu ihren Werten passt.*

5. Level: Orange

Auf diesem Level steht wieder der persönliche Erfolg im Vordergrund. Allerdings gibt es bedeutende Unterschiede zu Rot, denn Menschen auf der Werteebene Orange verfolgen ihr Ziel mit dem Blick aufs Ganze – andere leiden also nicht unbedingt unter ihrem Bestreben, Wohlstand zu erhalten und zu vermehren. Einem Menschen auf diesem Level ist es wichtig, sich schnell weiterzuentwickeln, seinen persönlichen Erfolg *und* den Gesamterfolg zu erzielen und dadurch sein Prestige zu stärken. Werte auf dieser Ebene sind: Leistung, Verantwortung, Karriereorientierung, Produktivität, Prozess-, Ergebnis-, Gewinn- und Zielorientierung, Selbstständigkeit, Wertschöpfung, Wettbewerb etc.

> *Auf dieser Ebene sind die meisten Berater zu finden. Die Lieblingsdisziplinen dieser Berater sind Kostensenkungsprogramme, Headcount-Reduction, Effizienzsteigerungsprogramme und Lean Management. Sie kommen, um Konzerne aufzufrischen und wieder flott zu machen. Alle in den vorherigen Kapiteln beschriebenen Strukturen und Eigenschaften treffen hier größtenteils zu.*

6. Level: Grün

Auf dem grünen Level ist der Team-Mensch zu Hause. Auch er hat klare Ziele, die langfristigen Erfolg bringen sollen – allerdings möchte er diese in der Gemeinschaft mit anderen erreichen. Die Kooperation und der ständige Austausch mit anderen Menschen sind ihm extrem wichtig. Er holt sich gerne die Meinungen anderer ein und diskutiert darüber. Durch sein besonderes Gespür für das Zwischenmenschliche erkennt er positive Entwicklungen genauso gut und schnell wie aufziehende Spannungen. Werte auf dieser Ebene sind: Harmonie, Toleranz, Weltoffenheit, Dialog, Partizipation, Gleichwertigkeit, Fairness, Menschenrechte, Wertschätzung, Verantwortung für den anderen etc.

■ *Mit einer grünen Ausprägung hätte ein Berater keinen langfristigen Erfolg im knallharten klassisch orangen Business der Industrie. Zumindest würde sich niemand auf diesem Level um eine solche Herausforderung reißen. Die Werteebene eines »grünen« Beraters würde es nicht ermöglichen, ein Beraterprojekt – zumindest unter dem üblichen Zeitdruck und der Anforderung einer strukturierten Vorgehensweise – zu Ende zu bringen. Grüne Berater machen die Betroffenen zu Beteiligten und binden alle mit ein. Sie sind vom kooperativen Miteinander überzeugt und nutzen die Kompetenzen der Belegschaft. Zukunftsorientiertes Denken zeichnet ihre Beratung aus. Zum Beispiel wird Einkaufspolitik wieder umfassender und nicht nur kennzahlenoptimiert und -gesteuert gehandhabt.*

Bis einschließlich zum sechsten Level reagieren die Menschen ausschließlich auf ihre individuellen Bedürfnisse und sind in ihrer persönlichen Sichtweise gefangen. Das bedeutet: Ein Mensch auf dem grünen Level zum Beispiel empfindet das, was jemand auf dem Level Orange tut, als falsch. Auf allen bis jetzt beschriebenen Levels wird also keine andere Perspektive eingenommen. Ab dem siebten Level ändert sich das: Die Menschen vom siebten Level an erkennen den Sinn und die Wichtigkeit aller vorherigen Level und würdigen auch deren Bedeutung.

Ab dem siebten Level sind Menschen in der Lage, die Perspektive anderer Werteebenen einzunehmen.

7. Level: Gelb

Der Mensch auf dem gelben Level erkennt die Fähigkeiten, die auf den vorherigen Ebenen angesiedelt sind, und kann diese individuell bündeln und in Anspruch nehmen. Er besitzt die Fähigkeit zur Multiperspektivität. Ein Mensch auf dieser Ebene möchte möglichst ununterbrochen sein Wissen vermehren, sich dadurch ständig weiterentwickeln und dabei unabhängig bleiben. Dass er dabei womöglich seinen Status hebt, wohlhabender wird oder Macht über andere gewinnen könnte, ist für ihn nebensächlich. Er schließt sich immer wieder mit anderen Leuten zusammen, die ihm gerade wichtig sind, weil sie ihn aktuell bei seiner Weiterentwicklung nach vorne bringen. Werte auf dieser Ebene sind: Wissen, Kreativität, Eigenverantwortung, lebendiges Wachstum, Vision, Netzwerken, lebenslanges Lernen etc.

■ *Auf dem gelben Level einen klassischen Berater anzutreffen, ist eher unwahrscheinlich. Wer hier als Berater tätig ist, ist mit hoher Wahrscheinlichkeit selbstständig und weiß seine Multiperspektivität gekonnt einzusetzen. Bei bestimmten Projekten wäre er Kunden eine große Hilfe, doch nimmt er einen Auftrag nur dann an, wenn er im Verlauf des Projekts einen Nutzen für seine persönliche Entwicklung sieht. Sicher wäre er sich auch darüber im Klaren, welche Kompetenzen seines großen Netzwerks er für dieses Projekt einsetzen könnte, und wenn er die Gelegenheit hätte, würde er seiner Kreativität freien Lauf lassen. Gelbe Berater nutzen ganz verschiedene Aspekte der unterschiedlichen Wertesysteme, um langfristigen Erfolg zu sichern und sich dabei auch selbst weiterzuentwickeln. Status und Ehre sind hier weniger wichtig als die Herausforderung, ein spannendes Projekt zu managen.*

8. Level: Türkis

Auf dem achten Level findet man Menschen, deren oberste Priorität die Themen Nachhaltigkeit und Ganzheitlichkeit sind. Sie sind sich dessen bewusst, dass jede Handlung irgendeine Art von Auswirkung hat, und denken daher sehr genau nach und wägen ab, bevor sie etwas tun. Sie übernehmen auch die volle Verantwortung für das, was sie tun, und zwar aus dem tiefen Wunsch heraus, »die Welt zu verbessern«. Sie handeln nach ihrem Bauchgefühl. Mit ihrem Instinkt, ihrer extrem scharfen Wahrnehmung und ihren bemerkenswerten Ideen schaffen sie es immer wieder, andere zu verblüffen. Werte auf diesem Level sind: Verantwortung für die Zukunft des Lebens, hohe Ideale, Weitsichtigkeit, Verbesserung der Lebensbedingungen für alle Lebensformen etc.

■ *Bei türkisen Beratern fallen oft Begriffe wie »integral« oder »holistisch«. Sie versuchen, die Selbststeuerung eines Systems zu fördern, und vertrauen auf die Kräfte der Natur. In vielen Unternehmen können sie jedoch nicht an die Wertesysteme der Manager andocken und werden daher gerne als »esoterische Spinner« abgestempelt (wobei »abstempeln« ein wunderbar »blauer« Begriff ist). Auf dieser Ebene sind nur ganz wenige Menschen anzutreffen. Eine Spur dieser Werteebene ist vielleicht in einer Religion wie dem Buddhismus zu finden[3], aber nicht in der Beraterbranche.*

9. Level Koralle

Der neunte Level ist eine Werteebene, die für unser Verständnis noch nicht greifbar ist. Foschungen, die diesen Level beschreiben können, stehen noch aus.

Die Betrachtung der Werteebenen hilft dabei, ein Verständnis dafür zu entwickeln, wie typische Berater »ticken«. Zugleich wird deutlich, warum man in dieser Branche niemals glücklich werden kann, wenn die eigenen Werte nicht zu denen des roten und orangen Levels passen. Auf der anderen Seite hilft das Werteverständnis der *9 Levels* Beratern, das Unternehmen, für das sie tätig sind oder sein werden, besser zu verstehen. Normalerweise messen sich Unternehmen an Zahlen und brauchen diese auch, um eventuell notwendige Veränderungen verstehen zu können. Doch das Wissen um die Unternehmenskultur und um die Werte, die dort kursieren, verschafft Beratern einen ganz besonderen Zugang: Sie lernen das Unternehmen von innen heraus kennen, und vor allem erfahren sie, was der Kunde wirklich braucht.

Das Wissen um die eigenen Werte und die des Kunden ebnet bereits den Schritt aufs Siegerpodest. Die Goldmedaille kommt jedoch erst in Reichweite, wenn die eigene Haltung stimmt – wenn sie also darin besteht, Begleiter und Gefährte sein zu wollen. Ab hier beginnt der aufregende Teil für all jene Berater, die in den nächsten Jahren ganz vorne mitspielen wollen.

> **Die Firmen haben mittlerweile den blauen Level hinter sich gelassen und eine höhere Werteebene erreicht.**

Märkte und Kunden – und damit auch die Mitarbeiter der Kunden – haben sich mittlerweile verändert, und das führt dazu, dass sie das klassische Beratertum im Wertespektrum Rot-Orange nicht mehr akzeptieren. Noch vor einigen Jahren war es das erklärte Ziel der Beratungshäuser, Firmen aus der blauen, verwaltungslastigen Ebene zu führen, um sie wieder schlanker und agiler zu machten. Führt man sich die Abbildung der Treppe mit den Werteebenen vor Augen, haben die Firmen nun den blauen Level hinter sich gelassen und schauen als Kunden der Beratungshäuser mittlerweile von einer höher gelegenen Werteebene aus nach »unten«.

Ebenso ergeht es der zukünftigen Zielgruppe der Berater, also den Noch-Mitarbeitern der Beratungshäuser, die zum Kunden wechseln werden. Sie sollten in Zukunft besser nicht mehr so viel Wert auf das orangefarbene Hardcore-Programm voller Statussymbole, Dienstwagen und Senatorenkarten legen, wenn sie die Erwartungen ihrer Kunden erfüllen wollen.

Eine ehemals kleine Berateragentur aus Berlin, die bis zu einem bestimmten Zeitpunkt kaum jemand kannte, erlebte, indem sie ihre Arbeitsmethoden völlig umkrempelte, ein ganz neues Arbeitsgefühl: wieder echten Spaß zu haben an dem, was man tut. Auslöser dafür war ein Besuch des Geschäftsführers dieser Unternehmensberatung bei der Swisscom im Jahr 2008, bei dem er »Design Thinking« kennenlernte, eine Methode, die kreative Prozesse fördert. Ihm war es schon lange zuwider, wahrnehmen zu müssen, dass es in Unternehmen anscheinend nur noch um Effizienz geht, was Druck aufbaut, sodass die Kreativität auf der Strecke bleibt. Was er bei Swisscom hörte, war genau das, was er gesucht hatte: Raum für Arbeit und Raum für Ideen.[4] Design Thinking beeindruckte ihn so sehr, dass er daraufhin gleich mit seiner Mannschaft loslegte:

- *die bisher existierende hierarchische Struktur wurde aufgelöst,*
- *Projekte wurden nicht mehr zugeteilt, sondern jeder Mitarbeiter konnte frei entscheiden, woran er mitarbeiten wollte, und*
- *nur 180 Tage im Jahr waren reine Arbeitstage – über die restlichen rund 60 Tage durfte jeder frei verfügen.*

Dann passierte genau das, was immer passiert, wenn Altbewährtes komplett über den Haufen geworfen wird: Die Mitarbeiter kamen mit der neuen Denke überhaupt nicht zurecht. Plötzlich wurde ihnen nicht mehr vorgegeben, welches Projekt als nächstes anstand. Eine schwierige Lage, denn freiwillige Arbeit ist zwar für einen Geschäftsführer an der Tagesordnung, für so manchen Angestellten jedoch Neuland. Die Menschen waren plötzlich mit einer Situation konfrontiert, die rein gar nichts mehr mit den Bedingungen zu tun hatte, unter denen sie einmal gute Dienste geleistet hatten. Das Ergebnis: Von den damaligen Mitarbeitern ist keiner geblieben. Es passte einfach nicht.

Dennoch stand der Geschäftsführer dieser kleinen Unternehmensberatung zu seiner Entscheidung. Ihm war der bisherige Ablauf ein Dorn im Auge. Von der Kreativität, die er sich für seine Firma wünschte, war bis dato wenig zu spüren. Im Design Thinking sah er die Lösung seines Problems und konnte endlich seine Werte leben. Um zu seiner eigenen Zufriedenheit nun mehr Kreativität ins Unternehmen bringen zu können, leitete er diesen radikalen Umbruch in die Wege. Damit konnten seine Leute hingegen nichts anfangen, denn sie fühlten sich aufgrund ihrer Wertesysteme im alten Muster wohl – aber das gab es nun nicht mehr.

> **Um seine Werte leben zu können, leitete der Geschäftsführer einen radikalen Umbruch ein.**

▦ *Heute arbeiten für die Unternehmensberatung überwiegend junge Menschen, aber auch ältere, die schon auf eine Karriere zurückblicken können. Die Jungen profitieren vom Wissen der Älteren, und diese wiederum profitieren von den Ideen und dem Mut der Jungen, Neues zu wagen. Während sich früher kaum Nachwuchskräfte für eine Anstellung in der kleinen Beratungsfirma interessierten, gehen mittlerweile pro Monat zwischen 40 und 50 Bewerbungen ein. Die Teams entscheiden selbst, wer eingestellt wird, denn es ist ihre Aufgabe, einzuschätzen, wer am besten zu ihnen passt. Ist ein Projekt für niemanden interessant, wird es nicht ange-*

nommen. Ein Luxus? Sicher. Aber auch ein hart erarbeiteter, weil das Unternehmen dafür eine komplette Umstrukturierung durchlaufen musste. Am Ende hat alles gepasst. Nur wer Spaß an dem hat, was er tut, kann auch gute Arbeit leisten.

Ein Berater, der jeden Auftrag annimmt aus der Einstellung heraus, dass er schließlich irgendwie existieren muss, sollte es besser gleich bleiben lassen. Passt das Thema nicht zu ihm, liegt es an ihm, das offenzulegen. Alles andere wäre Betrug am Kunden und Betrug an sich selbst als Mensch mit einer individuellen Identität.

Teil 2

Der Berater von übermorgen – der Mensch

Die Erwartungen der Kunden haben sich bereits geändert – und werden sich noch weiter verändern. Wie bereits beschrieben, stellt es schon ein großes Konfliktpotenzial dar, dass am ersten Tag des Projekts gar nicht die Unternehmensberater auftauchen, die bei der Vertragsunterzeichnung anwesend waren, sondern deutlich jüngere Mitarbeiter der Beratungsfirma. Doch ist diese Vorgehensweise immer noch gang und gäbe.

Als Hintergrund dazu muss man wissen, dass die Hierarchien in den Beratungshäusern in Pyramidenform aufgebaut sind: Auf der untersten Stufe befindet sich der Analyst oder auch Associate Consultant, der – wie der Name schon verrät – für das Heranschaffen von Zahlen, Daten und Fakten verantwortlich ist, die er dann seinem Vorgesetzten, dem Senior Associate (oder Consultant) übermittelt. Dieser in der zweiten Hierarchiestufe ansässige Berater bearbeitet die Untermodule der Fälle, die vom Manager (dritte Ebene) oder vom Principal (zweite Ebene) gemanagt werden. Die oberste Ebene der Hierarchie bildet der Partner oder Director, der seine Connections spielen lässt, um neue Projekte an Land zu ziehen.[1] Geschäfte werden also nur auf oberster Ebene gemacht, während nach unten auf die ausführende Ebene delegiert wird.

Das Management-Generalisten-Wissen, das früher so selten war wie Regen im Death Valley, ist heute in jedem MBA-Studium Standard und längst kein Garant mehr für tolle Beraterjobs. Das, was heute verlangt wird, geht in eine ganz andere Richtung, weiß auch Eva

Manger-Wiemann, Mitglied der Geschäftsleitung der Meta-Beratung Cardea, die sich darauf spezialisiert hat, Unternehmen bei der Auswahl von Beratern sowie bei der Ausschreibung und Vorbereitung von Beratungsprojekten zu unterstützen. Mit dieser Geschäftsidee bewahrt Cardea ihre Kunden davor, einmal so zu enden wie beispielsweise Schlecker, dem falsche Beratung zum Verhängnis wurde. Cardea hat darüber hinaus in einer Studie[2] 58 Kostensenkungs- und 48 Wachstumsprojekte von 2006 bis 2009 untersucht und dafür 106 Führungskräfte unterschiedlicher Branchen aus Deutschland und der Schweiz befragt. Nach der Auswertung ergab sich, dass Beratungsprojekte zu 87 Prozent dann als erfolglos angesehen werden, wenn gezielte Ergebnisse ausblieben oder sich die Lage noch weiter verschlechterte. Gescheitert sind Projekte laut Studie auch dann, wenn Ergebnisse herausgearbeitet wurden, die in der Praxis nicht umsetzbar sind. Gründe dafür können sein, dass sich die Mitarbeiter unerwartet stark gegen die Umsetzung der Schritte auflehnen, dass die ganze Umstrukturierung zu lange dauert oder dass das Vorhaben das Budget sprengen würde, weil zu viel investiert werden müsste.

> **Längst ist Management-Generalisten-Wissen kein Garant mehr für Beraterjobs.**

Manger-Wiemann stellt als Ergebnis der Studie heraus, dass die Versäumnisse oft auf Kundenseite liegen:[3]

- Unklare Erwartungen des Auftraggebers liegen vor, wenn Ziele und Erwartungen nicht eindeutig formuliert sind oder im Verlauf des Projekts geändert werden.

- Mangelndes Interesse des Auftraggebers führt dazu, dass das Projekt im Unternehmen nicht akzeptiert wird, weil z.B. die Unterstützung des Managements fehlt.

- Unstimmigkeiten im Projektteam treten auf, wenn der Projektleiter keine Entscheidungsbefugnisse hat oder die Abstimmungsprozesse zwischen Projektteam und Beratern nicht eingehalten werden.

- Schlechtes Projektmanagement kann mit Zeitdruck zusammen-hängen oder durch fehlende Unterteilung in einzelne Hand-lungsschritte verursacht werden.

- Schlechtes Beratermanagement liegt vor, wenn die Qualifika-tion der Ratgeber nicht zur Problemstellung passt – etwa, weil die Beraterauswahl nicht auf der Basis eines strukturierten Pro-zesses erfolgt, sondern »weil man sich gut kennt«.

Schaut man sich diese fünf Punkte an, muss man sich doch sehr wun-dern: Wie kann es sein, dass der Kunde für diese Themen verantwort-lich gemacht wird, obwohl doch der Berater derjenige ist, der dafür zu sorgen hat, dass all diese Probleme nicht auftreten?

1. Wenn Ziele und Erwartungen nicht eindeutig formuliert sind oder sich während des Projekts ändern, liegt es in der Verantwortung des Beraters, für die Umsetzung bzw. Anpassung zu sorgen. Er muss dann die Sachlage klären, um in Erfahrung zu bringen, was zu tun ist.

2. Wenn ein Auftraggeber kein Interesse an der Umsetzung eines Projekts hat, sollte er es gar nicht erst starten. Andernfalls würde der Berater nämlich allein auf weiter Flur einen sinnlosen Kampf führen. Stellt ein Berater eine solche Ausgangssituation fest – und das ist sicherlich leicht zu bemerken –, liegt es in seiner Verant-wortung, das Mandat nicht anzunehmen bzw. dafür zu sorgen, dass die Verantwortlichen die Notwendigkeit einer externen Un-terstützung erkennen und entsprechend »mitgehen«.

3. Der Berater ist mitverantwortlich dafür, dass diejenigen internen Mitarbeiter, die das Projekt als Entscheider begleiten, auch als Schnittstelle für Abstimmungen fungieren. Funktioniert das nicht, agieren diese eben an falscher Stelle und müssen ersetzt werden. Damit das im Ernstfall auch geschieht, ist die Kommunikation mit deren Vorgesetzten bzw. der Geschäftsführung unabdingbar. Kompetenzen müssen also vorher geregelt werden.

4. Ist es absehbar, dass ein Projekt aus Zeitgründen nicht zu realisieren ist, erkennt das ein guter Berater schnell. Dann liegt es auch hier in seiner Verantwortung, seinen Auftraggeber darüber zu informieren und andere Schritte einzuleiten (wie zum Beispiel die Einbeziehung eines Insolvenzverwalters). Sollte es erforderlich sein, ein Projekt in einzelne Handlungsschritte zu unterteilen, ist auch das Aufgabe des Beraters.

5. Schlechtes Beratermanagement ist ein absolutes No-go! Nimmt ein Berater ein Mandat an, dessen Anforderungen er nicht erfüllen kann, ist das wissentlicher Betrug am Kunden. Hier steht der Berater bereits mit einem Fuß vor Gericht: Wenn ein solches Vorgehen in einem Prozess nachgewiesen werden kann, ist der Traum vom schnellen Geld genauso schnell vorbei.

Sicher gibt es, wenn ein Projekt schiefgeht, auch einige Dinge, die Kunden zu verantworten haben. Da sind zum Beispiel zurückgehaltene Zahlen oder andere wichtige Informationen, die dem Berater vorenthalten werden, was eine vollständige und kompetente Beraterleistung unmöglich macht. Ein guter Berater kommt aber schnell hinter ein solches Vorgehen und sollte absolute Transparenz von Seiten seines Auftraggebers einfordern. Ist das nicht möglich, muss er das Mandat abgeben und zuständige Stellen oder Behörden informieren, wenn etwa der Verdacht auf Insolvenzverschleppung besteht. Wenn der Kunde einen Berater zu spät hinzuzieht – wenn also das Kind praktisch schon in den Brunnen gefallen ist – kann dieser nichts mehr ausrichten.

> **Eine offene Kommunikation und gutes Zuhören sind das A und O.**

All die oben aufgeführten Probleme können vermieden werden, wenn man offen miteinander redet und der Berater dem Kunden richtig zuhört. Gerade das Zuhören ist jedoch eine Kunst, die viele Menschen heutzutage nicht mehr beherrschen. Sie gehen in ein Gespräch, sind dabei aber mit ihren Gedanken nicht zu 100 Prozent bei der Sache oder schon einen oder mehrere Schritte weiter. Das Thema Zuhören ist allerdings so wichtig, dass wir ihm ein eigenes Kapitel, »Die Kunst des Zuhörens«, gewidmet haben.

Dass man überhaupt schon einen Berater braucht, um einen Berater auszuwählen, ist schlimm genug. Es zeigt erneut, wie undurchsichtig die Branche mittlerweile ist. Große Unternehmensberatungen protzen mit Kompetenzen und haben die ebenso großen Konzerne als Kunden im Visier. Hier zählt allein der Name, und die Menschen dahinter sind nur Teil einer riesengroßen Maschinerie, die ohne sie zwar nicht funktionieren würde, die aber auch sehr viele sehr gute Leute regelrecht verheizt, weil deren Wertesystem nicht mit dem üblichen Vorgehen in Projekten in Einklang steht, weshalb ihre Fähigkeiten woanders besser aufgehoben wären. Die kleinen Unternehmensberatungen und die vielen Einzelkämpfer da draußen haben wiederum Schwierigkeiten, sich optimal zu positionieren, sodass ihre Kompetenzen entweder untergehen oder sie sich vielleicht auf ein Thema ausrichten, das eigentlich gar nicht zu ihnen passt – und das nur, weil andere im jeweiligen Bereich erfolgreich sind oder der Markt diesen angeblich verstärkt fordert. Doch was der Markt will, kann nicht von jedem vollumfänglich abgedeckt werden.

Unternehmen wollen Experten – diesen Trend hatte Eva Manger-Wiemann schon Ende der 1990er-Jahre erkannt und sich entsprechend ausgerichtet. Ihrer Meinung nach werden Kunden mehr nachweisbares Expertenwissen verlangen, was wiederum das Beratungsangebot vielfältiger werden lässt, als es bisher je der Fall war. Es wird zukünftig von freien Netzwerken selbstständiger Berater, die sich je nach Bedarf zusammentun, bis hin zu riesigen Anbietern reichen, die versuchen, alle Kundenwünsche abzudecken.[4]

Sehr interessant ist dabei die erfolgreiche Entwicklung kleinerer Unternehmensberatungen mit Spezialisierung, die auch kleinere Kunden betreuen. Sie haben den Vorteil, nicht wie Hamster in einem Laufrad fester Vorschriften und Denkmuster gefangen zu sein, wie es in den ganz großen Beratungen der Fall ist. Sie sind näher an Trendentwicklungen dran und haben kürzere Entscheidungswege. Einige Ehemalige sind auf diesen Zug bereits aufgesprungen und wurden Teil loser Netzwerke, die sich je nach Bedarf neu zusammenfinden. Auf diese Weise können Kunden beeinflussen, wessen Leistung sie heranziehen, und die Berater selbst können sich aussuchen, an welchen Projekten sie mitarbeiten wollen. Der Zwang des schnellen Aufstiegs, der in großen Unternehmensberatungen immer noch herrscht, ist hier nicht gegeben, was sicherlich auch der Qualität der Beratung zugute kommt. Der Dienstleistungsanbieter hat selbst Einfluss darauf, welchen Job er annimmt, und sichert sich so die Wahrung seiner Werte.

Weiterhin veranlasst das alte, lästige Thema fehlender Transparenz viele Auftraggeber schon heute dazu, zu neuen Vorgehensweisen zu greifen, wenn es um Beraterleistungen geht.[5] Dabei spielt die Tatsache, dass viele Unternehmen ehemalige Berater in Managementpositionen eingestellt haben, eine große Rolle: Zum einen sorgen diese dafür, dass so viel Projektarbeit wie möglich im eigenen Haus erledigt wird – schließlich kennen sie sich nicht nur strategisch bestens aus, sondern wissen auch interne Kompetenzen besser einzubeziehen. Zum anderen suchen sie sich gezielt Beraterleistungen von Freiberuflern aus, die ein Projekt optimal ergänzen und zusammen mit den eigenen Leuten schneller und effektiver zum Ziel bringen können. Das schafft die gewünschte Transparenz und kostet nur einen Bruchteil dessen, was ein großes Beratungshaus in Rechnung stellen würde.

Freiberufliche Berater, die sich vom Konstrukt einer großen Unternehmensberatung verabschiedet haben, wird es immer mehr geben. Sie verzichten auf den imagelastigen Namen im Hintergrund, denn ihnen ist eine selbstbestimmte Projektwahl wichtiger. Die Expertise haben sie in der Tasche – und das nötige Kleingeld für eine eventuell nötige Überbrückungszeit ebenfalls – und mit dem Schritt in die Selbstständigkeit können sie sich auf ihrem Spezialgebiet regelrecht austoben.

Viele der Ex-Berater haben sich nicht nur zu diesem Schritt entschieden, weil ihnen die Vorgaben ihres Arbeitgebers mit der Zeit immer weniger zugesagt haben, sondern auch, weil sich ihr Aufgabengebiet verlagert hat. Durch das Prinzip »Up or out« haben sie sich nämlich immer weiter von ihrem eigentlichen Tätigkeitsbereich, der Beratung, entfernt. Neue Branchen und Kunden kennenlernen, spannende Aufgaben bewältigen und neue Märkte analysieren – all dies gehörte mit dem Aufstieg der Vergangenheit an. Oben angekommen, waren sie praktisch gezwungen, nur noch Akquisegespräche zu führen und Managementaufgaben zu erfüllen. Daher gilt: Ob als Manager im Unternehmen oder als Freiberufler – wer sich als Berater seinen Fähigkeiten und Kompetenzen entsprechend ausrichten will, nimmt ein großes Beratungsunternehmen nur als Sprungbrett zum Traumjob.

◾ *Sieht man sich in diesem Kontext allein die Zahl der Ex-Berater an, die von den drei größten Beratungsanbietern stammen, kommt man auf die beachtliche Zahl von fast 50000 Ehemaligen pro Jahr!*

Große Beratungsunternehmen sind für viele nur ein Sprungbrett zum Traumjob.

Gerade das Modulsystem findet immer mehr Anklang, auch bei größeren Firmen. Im Gegensatz zu großen Beratungshäusern, denen so mancher Auftrag zu klein ist, haben die Spezialisten den riesengroßen Vorteil, dass sie sich individuell mit dem Kunden beschäftigen können. Daraus ziehen auch sogenannte Vermittleragenturen, die für die Projekte ihrer Kunden einen Pool an Beratern in ihrer Datenbank bereithalten, einen großen Nutzen. Ihre Aufgabe besteht darin, einzelne Berater für Spezialaufgaben zum Kunden zu schicken oder sogar mehrköpfige Teams für Projekte zusammenzustellen.[6]

Was der Kunde mit der Modullösung über Vermittleragenturen nicht bekommt, sind ganzheitliche Ansätze, was durch den Begriff »Modul« ja bereits ausgedrückt wird. Hier geht es um individuelle Expertenleistungen, die für einen bestimmten Zeitraum gebucht werden. Der Berater bekommt keinen Gesamtüberblick über das Unternehmen seines Auftraggebers. Für den Kunden gestaltet sich dieses Modell aber sehr lukrativ, weil er sich Expertenwissen befristet einkaufen kann. Keine klassische Beratungsagentur könnte das zu vergleichbar niedrigen Kosten leisten.

Was folgt daraus? Kunden überlegen vor der Vergabe von Aufträgen sehr genau, welche Leistungen von ihnen selbst in Eigenregie erbracht werden können. Besonders freiberufliche Berater haben es dadurch zunehmend schwer, an lukrative Aufträge zu kommen. Es kommt auch immer seltener vor, dass sie mit einem kompletten Projekt betraut werden, das sie als »Gesamtlöser« zum Abschluss bringen. Stattdessen bekommen sie verstärkt nur Häppchen eines Gesamtprojekts auf den Tisch. Auch große Unternehmensberatungen nutzen diesen Trend bereits für sich und erweitern ihr Angebot explizit durch Leistungen in Modulform, die sich die Kunden je nach Anforderung einkaufen können.

Für den Kunden bedeutet das absolute Transparenz. Das klingt zunächst nach einer guten Lösung für beide Seiten. Aber es gibt hierbei einen ganz entscheidenden Haken, wie oben schon kurz erwähnt: Der Blick von außen auf den Gesamtprozess wird dem externen Berater auf diese Weise verwehrt, weil er nur Bruchstücke eines Zusammenhangs kennenlernt. Denn nur für diese Bruchstücke wurde seine Leistung eingekauft. Der Gesamtüberblick bleibt im Unternehmen des Auftraggebers – und gerade diesem trübt oft Betriebsblindheit die Sicht. Das, was einen Berater ausmacht, nämlich eine andere Sicht auf das Unternehmen zu haben – ohne die Befangenheit derjenigen, die in dessen Hierarchie und Strukturen eingebunden sind – fällt bei dieser Vorgehensweise größtenteils weg. Das liefert keine guten Voraussetzungen für ein bahnbrechendes Ergebnis.

Transparenz und Kostenersparnis scheinen die wesentlichen Gründe zu sein, warum Kunden das Ruder verstärkt selbst in die Hand nehmen wollen. Wie also kann man als Berater das Problem der fehlenden Transparenz lösen – ohne ein beachtliches Stück dessen zu verlieren, was eine Beratungsleistung ausmacht? Wie kann man Kunden davon überzeugen, dass es sich auch weiterhin lohnt, Berater für ein komplettes Projekt zu beauftragen, statt ihnen nur Häppchen zu überlassen, die niemals zu einem voll zufriedenstellenden Ergebnis beitragen können? Denn ein solches, modular ausgeführtes Projekt bedeutet bildlich ausgedrückt: Ein Bäcker setzt seine Torten aus einzelnen Tortenstücken zusammen, statt sie als Ganzes zu backen. Aber ist das sinnvoll? Was, wenn zur Herstellung eines Einzelstücks plötzlich der Vanillezucker ausgeht, ein anderes zu lange im Ofen bleibt oder bei einem dritten die Sahne sauer war? Die Torte wäre zwar äußerlich fertiggestellt, doch insgesamt ruiniert. Und nicht mehr für den Verkauf geeignet.

Genau das kann passieren, wenn ein Projekt in einzelne Module zerlegt wird. Selbst wenn weitere Berater an anderen Modulen in einem Projekt arbeiten und jeder in seinem Spezialgebiet 100 Prozent gibt, wird das Ergebnis nie ganz zufriedenstellend sein. An den Schnittstellen zwischen den einzelnen Kompetenzen wird es Ungenauigkeiten und Differenzen geben. Eventuelle zeitlich begrenzte Kooperationen, die sich aus dem Ablauf heraus ergeben, werden zu undurchsichtig sein und zu Abhängigkeiten führen. Klassische Berater mögen das gar nicht, denn auf diese Weise lässt sich nicht effektiv arbeiten. Berater müssen also stattdessen etwas bieten können, das den Gesamtüberblick über ein Projekt gewährleistet, ohne dass die Kosten aus dem Ruder laufen. Und das bedeutet, dass Berater mehr sein müssen als strategische Genies, die ein Konzept zur Umsetzung auf PowerPoint präsentieren.

> **Die Kunst besteht darin, den Gesamtüberblick zu gewährleisten, ohne dass die Kosten aus dem Ruder laufen.**

Flexibler Begleiter mit Allroundblick

Gehen wir einen Schritt zurück: Eine Projektmanagementstudie aus dem Jahr 2008[7] bringt ans Licht, warum einige Projekte in Unternehmen erfolgreich sind und warum andere scheitern. 79 Unternehmen mit über 100 Mitarbeitern aus unterschiedlichen Branchen wie IT, Versicherungen, Beratungen, Banken, Elektroindustrie, Automotive, Energie, Anlagenbau u.v.m. wurden befragt. Zwei Drittel der befragten Firmen haben einen Umsatz bzw. eine Bilanzsumme von über einer Milliarde Euro, ein sehr geringer Anteil von ihnen erwirtschaftet weniger als 100 Millionen Euro. Das breite Spektrum der Befragten, von Unternehmen mit niedrigem bis hin zu solchen mit sehr hohem Umsatz, lässt ein sehr repräsentatives Ergebnis zu. Als Schwachstellen der Projektarbeit traten folgende deutlich hervor:

- Erfolgreiche Projektarbeit wird nicht durch Boni honoriert.
- Die Projektorganisation wird als intransparent beschrieben (Zieldefinition, Kommunikation).
- Es werden zu wenige Erfahrungen aus früheren Projekten festgehalten und für aktuelle Projekte genutzt.

Ob ein Projekt gelingt oder misslingt, wird nach Auswertung der Studie eindeutig an den folgenden drei Punkten festgemacht:

1. qualifizierte Mitarbeiter,
2. gute Kommunikation und
3. klare Anforderungen und Ziele.

Demgegenüber stehen bei Misserfolg der Mangel an qualifizierten Mitarbeitern, schlechte Kommunikation sowie unklare Anforderungen und Ziele. Aus den mehr als 30 Fragen dieser Studie ergeben sich folgende zehn Gegensatzpaare, die die größten Unterschiede zwischen Erfolg und Misserfolg eines Projekts aufzeigen (die Auflistung ist nicht gewichtet):

1. Vom Projektleiter wurden Anforderungen und Ziele für die Projektarbeit klar / nicht klar festgelegt.
2. Jeder im Projektteam hatte zu jedem Zeitpunkt volle Klarheit / keine volle Klarheit über die Projektziele.
3. Was als Projekterfolg gilt, war bei Projektleiter und Top-Management immer / nicht vollends einheitlich und klar formuliert.
4. Während der Projektlaufzeit wurde der tatsächliche Status des Projekts dokumentiert / nicht dokumentiert.
5. Im Projektteam gab es während der Projektlaufzeit fast keine / immer wieder Veränderungen.
6. Innerhalb des Projektplans konnte der Projektleiter sein Team entsprechend einsetzen / nicht einsetzen.
7. Stakeholder (Betroffene, Verantwortliche etc.) wurden stark / nicht ausreichend in das Projekt eingebunden.
8. Der Projektleiter hatte sehr gute / nur ungenügende Soft Skills.
9. Projektleitung und Management legten klare / keine klaren Anforderungen und Ziele für das Projekt fest.

10. Es gab einen / keinen stetigen »Change-Request-Management-Prozess«[8].

Als Empfehlung für erfolgreiche Projektarbeit gibt die Studie die oben erwähnten drei Punkte an: Erstens: starke und in die Organisation integrierte Projektleiter; zweitens: gute Kommunikation durch regelmäßigen Informationsaustausch, Reporting des Projektfortschritts und das Erstellen eines Kommunikationsplans; und drittens: klare Zielvereinbarungen und deren regelmäßige Kontrolle.

Was hier für die interne Projektarbeit herausgearbeitet wurde, lässt sich auch auf die Anforderungen übertragen, die an ein externes Beratungsunternehmen gestellt werden. Wobei gerade der zweite Punkt, die gute Kommunikation, an der Schnittstelle zwischen Berater und Kunde viel zu selten gegeben ist, worunter auch der dritte Punkt, die Klarheit von Anforderungen und Zielen, leidet.

Ein Beispiel: Ein Unternehmen in der Krise beauftragt ein renommiertes Beratungshaus mit der Lösung seines Problems. Die Vorgaben sind selbstverständlich aus Firmensicht formuliert und setzen dem Dienstleister ein fest definiertes Ziel. Doch ist das vorgegebene Ziel wirklich das richtige? Ziehen jetzt die Berater los und analysieren auf Basis dieser Vorgaben die Unternehmensbücher, ohne dabei nach links und rechts zu schauen, um zu hinterfragen, ob das vorgegebene Ziel auch wirklich realisierbar ist? Ja, genau das tun sie. Zumindest die meisten gehen so vor. Schließlich weiß der Kunde, was er will, und hat sie gerade deswegen ins Haus geholt, damit sie seine Ziele so verwirklichen, wie er sich das vorstellt. Doch sind das die richtigen Ziele in dieser Situation?

> **Meist legen Berater mit der Analyse los, ohne nach links und rechts zu schauen und die Zielvorgaben zu hinterfragen.**

Statt sich hinter Notebook und Aktenordnern zu vergraben, sollte der Berater besser zuallererst das ausführliche Gespräch mit dem Kunden suchen. Er sollte die gewünschte Marschrichtung seines Auftraggebers hinterfragen und das Unternehmen verstehen lernen. Das geht nur durch Zuhören und Kommunikation. Erst wenn hier ein Konsens geschaffen ist, können Anforderungen und Ziele definiert werden. Ein Fallbeispiel dazu:

■ *Ende gut, alles gut. Nach vier Jahren Zitterpartie kann* **Märklin** *heute wieder durchatmen. Doch es waren nicht Unternehmensberater, die den beliebten Modelleisenbahnbauer wieder auf Kurs brachten, sondern jemand, der sich mit Insolvenzen von Firmen dieser Größenordnung – bei Märklin waren es damals 1500 Angestellte – bestens auskennt: der Insolvenzverwalter Michael Pluta. Am 3. Februar 2009 ging bei ihm der Anruf vom Gericht Göppingen ein, der der Beginn eines kompletten Turnarounds für das Unternehmen werden sollte. Eigentlich eine Aufgabe, die all die Unternehmensberater hätten meistern sollen, die sich in den drei Jahren zuvor fleißig bereichert, aber nichts erreicht hatten. Allein im Jahr 2006 bekamen diese nämlich Honorare in Höhe von 10,7 Millionen Euro, während Märklin 13 Millionen Euro Verlust verkraften musste. Im Jahr drauf kamen noch einmal 13,8 Millionen Euro dazu, bei 16 Millionen Verlust.[9] Die Stundensätze der Berater sollen zwischen 450 und 650 Euro gelegen haben, und zum Teil sollen bis zu acht Berater gleichzeitig im Hause Märklin präsent gewesen sein.[10] Insgesamt sind in den drei Jahren vor der Insolvenz ca. 40 Millionen Euro an Beraterhonoraren angefallen.*

Die Berater wurden von dem Finanzinvestor Kingsbridge und der US-Bank Goldman Sachs beauftragt, denen Märklin seit 2007 gehörte. In den Jahren zuvor gab es schon massive Umsatzrückgänge, weil die Zeiten sich geändert hatten und eine Modelleisenbahn mittlerweile nicht mehr als das ultimative Weihnachtsgeschenk galt. Die einstige Zielgruppe war gealtert, und junge Interessenten fehlten. Besonders die Fachgeschäfte bemängelten, dass die Hersteller es verpasst hatten, die Werbung auf potenzielle Neukunden auszurichten.[11] Dazu kam, dass sich Erben und Gesellschafter in Sachen Unternehmensführung uneins waren und die Geschäftsführer immer wieder wechselten, was sich zusätzlich negativ auf die Mitarbeiter auswirkte, die um ihren Job bangten. Um die Firma am Laufen zu halten, musste ständig neues Geld von den involvierten Unternehmen nachgeschoben werden. In 2009 gab es die erste Verzögerung in der Lohnauszahlung – der Januarlohn sollte zu einem späteren Zeitpunkt überwiesen werden. Kurz nach dieser Nachricht kam auch schon der Insolvenzverwalter und fand sich einer langen Gläubigerliste gegenüber: 60 Millionen Euro forderten allein die betroffenen Banken, und 1350 Einzelgläubiger wollten insgesamt noch einmal zusätzliche 30 Millionen Euro haben.

Schon in der ersten Woche gab es gleich mehrere Interessenten für Märklin. Allerdings wollten die den Preis drücken, was Insolvenzverwalter Pluta natürlich zu verhindern versuchte. Also begann er mit allen möglichen Mitteln, Märklin wieder besser aufzustellen, und kappte alles, was Geld verschlang und verzichtbar war. So auch die externen Berater, was ihm eine Kosteneinsparung von 10 Millionen Euro einbrachte. Neben weiteren Schritten, um die Kosten zu senken, baute Pluta auf das Potenzial von Märklin. Er wollte das Unternehmen in deutschen Händen wissen und hatte mehrere Wunschfirmen auf seiner Liste, die jedoch zunächst alle kein Interesse hatten. Auch der Gründer der Simba Dickie Group aus Fürth-Stadeln sah keinen Absatzmarkt für Produkte, die teurer sind als ein iPhone. Außerdem war Märklin zu diesem Zeitpunkt noch zu wackelig, um in Zukunft gute Umsatzzahlen zu garantieren.

Das, was in den darauffolgenden Monaten folgte, war eine komplette Sanierung des Modelleisenbahnbauers. Neben dem Rausschmiss der sehr entbehrlichen Berater wurden die Geschäftsführung ausgetauscht, das Marketingbudget gekürzt, das Werk in Nürnberg geschlossen, etwa 400 Mitarbeiter entlassen und Lagerbestände in liquide Mittel umgewandelt. Von den Banken sollte es keine Unterstützung mehr in Form von Krediten geben, denn nach all dem, was in den Jahren zuvor geschehen war, waren die nun bei Märklin als gebrannte Kinder extrem vorsichtig.

Das alles sollte sich auszahlen. Anfang 2010 konnte der Insolvenzverwalter einen Jahresabschluss von 111 Millionen Euro und einen Gewinn vor Steuern und Zinsen von 12,4 Millionen Euro verzeichnen. Mit etwa 40 Millionen Euro liquiden Mitteln konnte Pluta jetzt seinen Insolvenzplan vorstellen, nach dem 33 Millionen direkt an die Gläubiger gehen sollten und ganze 27 Millionen davon an die involvierten Banken. Drei Tage vor Heiligabend 2010 stimmten die Gläubiger mit einer Mehrheit von 99,8 Prozent diesem Insolvenzplan zu.[12] Sie schenkten Michael Pluta damit ihr Vertrauen.

In der Zwischenzeit hatte sich einiges bei der Entwicklung eines neuen Produkts getan, das sich mehr an einer jüngeren Zielgruppe orientieren sollte. Ein Schritt, der bereits viel früher hätte stattfinden müssen. Jetzt sollte er Märklin das Weihnachtsgeschäft 2011 sichern. Und es funktionierte. Von der neu eingeführten ICE-Lok »My World« mit Schienen für 49,90 Euro orderte der Handel gleich 20 000 Pakete. Langjährige Mitarbeiter des Modelleisenbahnbauers empfanden das zwar als ein Schandmal, doch die Rechnung schien aufzugehen – auch 2012 konnte ein Jahresgewinn bekanntgegeben werden. Eine erneute Anfrage bei Simba Dickie stieß diesmal auf offene Ohren. Im November desselben Jahres war der Kauf dann in trockenen Tüchern. Für die Gläubiger bedeutete das, dass ihre Forderungen komplett erfüllt wurden. Für die Mitarbeiter der Zentrale in Göppingen bedeutete die Übernahme die Garantie, dass ihre Arbeitsplätze bis 2019 bestehen bleiben würden.

Auch hier haben also wieder einmal hoch angesehene und entsprechend bezahlte Berater nicht in die richtige Richtung gedacht und für ihren Auftraggeber keinen Weg aus der Talfahrt gefunden. Im Gegenteil – sie haben die Lage eher noch verschlimmert. Böse Zungen behaupten sogar, dass Pluta gar nicht hätte kommen müssen, wenn jemand, idealer Weise die Geschäftsführung, die Zahlen im Blick behalten hätte, und damit auch die Kosten für Beraterhonorare, die in vier Jahren etwa die Hälfte der gesamten Verluste ausgemacht hatten, wie auch die Managementgebühren, die der Finanzinvestor selbst ohne Reue kassiert hatte, obwohl es nachweisbar war, dass es keine Erfolgsaussichten mehr gab. Wovon genau Märklins Talfahrt im Detail angetrieben wurde, lässt sich nicht mehr zu 100 Prozent nachvollziehen, denn über dem Scheitern liegt ein Tuch des Schweigens. Eins steht jedoch fest: Hätten sich die vielen Unternehmensberater eingehend mit ihrem Auftraggeber beschäftigt, hätten sie definitiv feststellen müssen, dass Märklin noch profitabel sein *kann*. So war es ein Glück, dass die Mitarbeiter des Insolvenzverwalters dies bei ihrer Beschäftigung mit dem Unternehmen entdeckt haben.

> **Wieder einmal fanden die Berater keinen Weg, die Talfahrt ihres Auftraggebers zu beenden.**

In der Zwischenzeit wurde eine sehr brisante Auseinandersetzung zwischen dem Finanzinvestor Kingsbridge und der von ihm angeheuerten Beraterfirma aus den USA an die Öffentlichkeit gebracht: Das Beraterunternehmen wurde auf 14 Millionen Euro Schadensersatz verklagt, weil es angeblich die Bücher des Modelleisenbahnherstellers nicht ausreichend geprüft hatte, bevor der Finanzinvestor dort eingestiegen ist. Kingsbridge bewertete die damalige sogenannte »Due Diligence« als fehlerhaft und verlangte von der Beraterfirma seinen Einsatz in Höhe von 30 Millionen Euro zurück. Die von einem Münchner Schiedsgericht letztendlich festgelegte Summe von 14 Millionen Euro sorgte selbstverständlich für gehörigen Aufruhr in der Beraterbranche.

Krisengeschüttelte Unternehmen sind nämlich für Beratungen nicht nur interessante Herausforderungen – und für Youngster ein ideales

Terrain, um Erfahrungen zu sammeln –, sondern auch lukrativ, da ein Mandat hier in der Regel lange dauert, sodass im Laufe der Zeit viele Rechnungen geschrieben werden können. Andererseits sind solche Firmen natürlich auch ein heißes Pflaster. Erfahrene Insolvenzverwalter wissen, dass Beratungsunternehmen schnell Prüfer im Haus haben können, wenn der Auftraggeber in die Insolvenz rutscht. Dann wird schnell die Prüfung auf Verschleppung eines Verfahrens durchgeführt und auch untersucht, ob die involvierten Berater sogar unterstützend dazu beigetragen haben.

Normalerweise werden solche Schadensersatzklagen und alles, was aus diesen folgt, unter Ausschluss der Öffentlichkeit abgehandelt. Im Fall Kingsbridge wurde jedoch alles publik gemacht. Das angeklagte Beratungsunternehmen plante daraufhin beim Oberlandesgericht Revision und beantragte die Aufhebung des Schiedsspruchs. Eine Weile hörte man nichts. Letztendlich einigten sich beide Seiten außergerichtlich.

Die Komplexität der Geschichte rund um Märklin, die gerade noch so ein gutes Ende fand, zeigt erneut: *Das Feld, das ein Berater beackern muss, wird in naher Zukunft um ein Vielfaches größer sein, als es bisher ist, und die Kompetenzen, die er mitbringt, wird er viel ganzheitlicher einsetzen müssen.*

Prozesse in Unternehmen sind bereits heute enorm verwickelt und verflochten, und sie werden noch komplexer und umfangreicher. Das hat Auswirkungen auf jeden Einzelnen, der mit dem Unternehmen in Verbindung steht. Jeder Mitarbeiter wird enorm durch diese Komplexität beeinflusst, die sich in mehrere Richtungen gleichzeitig auswirkt: vom einzelnen Kollegen im Team bis hin zur gesamten Organisation mit ihren Lieferanten, Partnern, Kunden etc. Wer also bei sich selbst Dinge regelt, nimmt damit durch die komplexen Verknüpfungen unweigerlich Einfluss auf sein gesamtes Umfeld – ob er will oder nicht. Ein Mitarbeiter befindet sich also in einem Team und in einer Umgebung, in der Wechselwirkungen durch Strukturen,

> **Prozesse und Strukturen in Unternehmen sind äußerst komplex – ein guter Berater muss dieses Gefüge verstehen.**

Ansprüche, Erwartungen und deren Schnelllebigkeit massiv auf ihn einwirken. In dieses Umfeld kommt nun ein Berater. Er sieht sich einem Gefüge gegenüber, das er erst einmal verstehen muss: Wo steht jeder Mitarbeiter? Auf welcher Ebene befindet sich jeder Einzelne? Wie hängen und spielen diese Ebenen zusammen? Ein guter Berater muss in der Lage sein, die komplexen Zusammenhänge von Menschen und Strukturen in der Organisation einzuordnen. Hier wird mit Bezug zum Modell der *9 Levels* sofort klar: Der Berater von übermorgen muss »türkis« sein.

Natürlich reicht ein Allroundblick allein nicht aus – selbstverständlich ist auch Fachexpertise extrem wichtig. So kann ein klassischer Unternehmensberater beispielsweise tausend Mal sagen: »Ihr müsst euren Vertrieb in Gang bringen!« – wenn die interne Blockade nicht aufgespürt und gelöst wird, wird nichts passieren.

Hier kommt wieder die Unternehmenskultur und damit auch die Unternehmensführung mit ins Spiel. Kennen alle Mitarbeiter die Werte des Unternehmens? Stimmen sie diesen zu? Repräsentieren sie die Werte geschlossen in alle Richtungen? Passen die Mitarbeiter mit ihren eigenen Werten in dieses Gefüge? Wie läuft die Kommunikation? Gibt es Unstimmigkeiten? Gehen die Erwartungen auseinander? Was passiert, wenn …?

■ *Das alles schien beim ehemaligen Elektronikriesen* **Grundig** *nicht bedacht worden zu sein. Was 1930 begann und als Teil des Wirtschaftswunders im Westen Deutschlands von Firmengründer Max Grundig zu einem Traditionsunternehmen aufgebaut wurde, sollte Anfang der 1980er-Jahre am Anfang vom Ende stehen. Am 14. April 2003 wurde diese Entwicklung mit der Einleitung des Insolvenzverfahrens schließlich besiegelt.*

Ehemalige Mitarbeiter sprechen von einem Versagen des Vorstands, der über sechs Jahre involvierten Unternehmensberatung und der eingeschalteten Landesregierung. Die Rede ist vom »Zu-Tode-Sanieren« durch zu viele Konzepte.[13] *Die Berater hatten aufgrund einer Studie, die den systematischen Niedergang des Traditionsunternehmens nachgezeichnet hatte, im Jahr 2001 ein Sanierungskonzept ausgearbeitet. Für Grundig bedeutete das radikale Einschnitte: Das Angebot von Fernsehern und Hifi-Geräten sollte erheblich verschlankt und zwei Werke sollten* geschlossen werden. Zu diesem Zeitpunkt dauerte Grundigs Krise schon etwa 20 Jahre an, von immer wieder wechselnden Managern begleitet.

Das war nicht der erste Sanierungsplan. 1997, als das Unternehmen von einer Auffanggesellschaft übernommen wurde, gewährte die Landesregierung Hilfe unter der Bedingung, »dass kein Grundig-Werk in Bayern dichtgemacht wird«[14]. Doch das gelang nicht, weil damals die Produktion von kleinen und mittelgroßen Fernsehern von Ungarn nach Nürnberg verlegt worden war. An diesem Standort waren die Löhne jedoch viel zu hoch, wenn man bedenkt, dass so ein Gerät damals maximal 350 DM kostete. Die Folge aus diesem für Branchenexperten unverständlichen Schachzug: Das Fernsehgeschäft führte zu den größten Verlusten im Unternehmen. Daraufhin als regulierende Maßnahme lediglich zwei Fabriken zu schließen, hätte nur funktioniert, wenn das Management seine Rolle verantwortungsbewusst wahrgenommen hätte. Doch Schwachstellen dort waren unter anderem mit dafür verantwortlich, dass dieses erste Sanierungskonzept scheiterte.

In einem zweiten Sanierungsplan drei Jahre später sollten die wachsende Liquiditätsklemme aufgehalten und die Verluste reduziert werden. Zeitgleich wurde aber der Markt für Unterhaltungselektronik in Europa immer kleiner. Grundig hatte sich bisher nur auf den deutschen Markt fokussiert und war entsprechend klein im Vergleich zu international aktiven Herstellern wie Sony oder Philips. Wie diese Großen bot Grundig aber auch ein breites Vollsortiment. Das konnte nicht funktionieren. Die Berater erarbeiteten auch die Empfehlung, Grundig von einem »Bauchladen« in einen Spezialanbieter umzuwandeln. Kleine und mittelgroße Fernseher wie auch viele andere Verlustprodukte würden dann entsprechend wegfallen.

Diesem zweiten Sanierungskonzept des Beratungsunternehmens stimmten sowohl der Aufsichtsrat – wenn auch nur »in Grundzügen«[15] – als auch die die Finanzierung unterstützenden Banken zu. Der erste Schritt, den das Konzept vorsah, bestand darin, den Stammsitz von Grundig in Fürth zu räumen und nach Nürnberg zu ziehen. Das wurde Ende Juni 2000 beschlossen. 600 Mitarbeiter verloren durch diesen Schritt ihren Arbeitsplatz. Wenig später wurde die Fernsehgeräteproduktion dort geschlossen und nach Wien verlagert, weil die Arbeitskosten dort angeblich geringer waren. Damalige Mitarbeiter hatten längst erkannt, dass günstigere Arbeitskosten allein noch lange keine Rettung bedeuteten, sondern dass auch die Auslastung passen musste. Einige von ihnen erarbeiteten sogar ein alternatives Rettungskonzept, das von den Verantwortlichen jedoch leider nicht beachtet wurde. Ein Versäumnis – denn nach Mitarbeitermeinung hätte das Werk in Nürnberg gerettet werden können.

Ein Unternehmen gleicht einer mehrspurigen Autobahn: Jede Fahrspur hat ihre ganz individuellen Regeln und Werte, mit denen sich die Fahrer – im Idealfall – identifizieren können. Ein Berater darf im Unternehmen nicht nur auf einer Spur unterwegs sein, sondern muss sich darüber im Klaren sein, dass es noch viele weitere Spuren rechts und links von ihm gibt und dass diese zudem miteinander zusammenhängen, was die Situation noch komplizierter macht. Natürlich kann er nicht Experte für jede der Spuren sein, aber er muss die Kompetenz haben, zu erkennen, wie diese Spuren zusammenhängen. Und er muss die Größe haben, sich einzugestehen, dass eventuell andere Experten mit ins Boot geholt werden müssen, die ihn unterstützend begleiten.

Sich bei Bedarf unterstützen zu lassen, ist ein Zeichen von Stärke.

Leider empfinden es immer noch viele Berater als ein Zeichen von Schwäche, anzuerkennen, dass eine Herausforderung ihre Kompetenz überschreiten könnte – und doktern dann weiter am Unternehmen herum. Doch letztlich schaden sie sich damit selbst – und zu allem Übel auch ihrem Kunden. Was spricht denn dagegen, Fachspezialisten heranzuziehen, solange man selbst der Profi mit dem Gesamtüberblick ist? Der Kunde wird in einem solchen Fall sicher nicht das Können des Beraters infrage stellen, sondern über so viel Offenheit und Ehrlichkeit froh sein. Es ist also ein Zeichen von Stärke, sich bei Bedarf unterstützen zu lassen. Die meisten Berater haben das heute jedoch noch nicht begriffen.

Der Berater von übermorgen sieht, nimmt wahr und liest zwischen den Zeilen. Diese, im Sinne der *9 Levels*, »gelben« Eigenschaften, also Wahrnehmung und Kompetenzerweiterung, zu leben, kann gegebenenfalls auch bedeuten, sich weiterzubilden. Dass sich hier die Spreu vom Weizen trennt, ist eindeutig zu erkennen: Wer kann schon mit Dingen umgehen, die noch nicht im Beratungsgespräch aufgetaucht sind und bisher auch noch nicht ersichtlich waren? Nachfragen, zuhören, einarbeiten und sich weiterbilden und -entwickeln heißt die Devise. Projekte verlaufen selten so reibungslos, dass man stur an seinem Konzept festhalten kann. Das hat nichts mit ungenügender Recherche oder schlechter Ausarbeitung zu tun. Der Markt ist unberechenbar und komplex, Rahmenbedingungen können sich rapide ändern – und schon funktioniert der angedachte Weg nicht mehr. Eine Alternative muss her, ein Plan B, vielleicht auch noch ein Plan C. Jetzt liegt es am Berater, zu erkennen, was hier wie funktioniert.

Wer hier nicht über eine Bandbreite an Erfahrung verfügt, läuft Gefahr, ganz schnell raus zu sein. Vertrag hin oder her. Der Kunde erwartet einen Generalisten, der zugleich Experte auf einem Spezialgebiet ist, der einen Prozess nicht nur plant und nach der Präsentation verschwindet, sondern den Prozess auch umsetzt und begleitet. Der Kunde erwartet Praxiserfahrung. Die kann niemand vorweisen, der frisch von der Uni kommt. Stattdessen sind es gestandene Leute, die mit ausreichend Praxiswissen aufwarten können. Durch ihre in all den Jahren gesammelten Erfahrungen bieten sie Unternehmen einen echten Mehrwert. Das soll nicht heißen, dass junge Berater absolut unnütz sind. Schließlich muss man erst mal die Chance haben, Erfahrungen zu machen, und die bekommt man nicht, wenn man immer außen vor gelassen wird.

Einer braucht also den anderen. Der gestandene Unternehmensberater, der mit vielen Praxisfällen punkten kann und dessen »Nase« ihm dabei hilft, eventuell drohende Schwierigkeiten frühzeitig zu »riechen«, braucht den Youngster, der in Sachen neue Technologien fit ist und besonders mit der nächsten Generation der Unternehmensführung auf einer Welle schwimmt. Mehr dazu im Kapitel »Werte: Was sich verändern wird«.

> **Der gestandene Unternehmsberater mit viel Erfahrung und der Youngster mit frischen Ideen brauchen einander.**

Doch die Kundenseite sollte sich auch an die eigene Nase fassen: Für die Geschäftsführung bedeutet das Mandat für einen Berater in vielen Fällen ein Eingeständnis, die Firma selbst nicht kompetent führen zu können. Dementsprechend sind viele Pleiten hausgemacht.

◼ *Beim Porzellanhersteller* **Rosenthal** *aus dem fränkischen Selb war schon viele Jahre vor Eröffnung des Insolvenzantrags einiges falsch gelaufen, von Fehlkalkulationen bis hin zu ausufernden Beratungskosten. Kurz nachdem er ins Boot geholt*

worden war, verkündete Insolvenzverwalter Volker Böhm, dass die Zahlungsunfähigkeit aufgrund der Insolvenz der Muttergesellschaft Rosenthals – dem iri-
schen Konzern Waterford Wedgwood – unweigerlich eintreten würde. Wedgewood
war im Jahr 1997 bei Rosenthal eingestiegen und hielt am Ende 90,7 Prozent der
Aktien. Im Sommer 2008 kam der Mutterkonzern in Liquiditätsschwierigkeiten
und wollte sein Rosenthal-Aktienpaket abstoßen. Eines der großen Beratungsunternehmen übernahm fortan die Verwaltung von Waterford Wedgwood und
führte die Geschäfte weiter. Zur gleichen Zeit wurde nach einem Käufer gesucht.
In Selb erfuhren die Mitarbeiter während ihrer Werksferien vom Insolvenzantrag.

Nur ein paar Wochen später musste Volker Böhm seine Aussage korrigieren: Gravierende Managementfehler in den vergangenen Jahren hatten Rosenthal in die
Insolvenz geführt. Mit der Wiedervereinigung hatten die Probleme begonnen. Zum
einen hatten Billigimporte aus Asien freie Bahn und überschwemmten den Markt.
Darüber hinaus änderte sich das Konsumverhalten der Kunden, und zeitlose Designs
made in China hielten Einzug in deutsche Küchen. Konzerne wie IKEA sorgten und
sorgen dafür, dass ein gutes Lebensgefühl auch für wenige Euro zu haben war und
ist. Zum anderen waren Teestövchen, Suppenterrinen und Saucieren mittlerweile
keine Statussymbole mehr, und auch das Thema Aussteuer war inzwischen so gut
wie gestorben. Dazu kam: Vorstandschef Ottmar Küsel galt als Alleinherrscher bei
Rosenthal, der zwar Berater beauftragte, dann aber doch nicht auf sie hörte und
ihre Strategien im Sande verlaufen ließ. Ihm wird heute noch zur Last gelegt, dass er
das 125-jährige Jubiläum mit großem Tamtam aufzog, während Ware in den Häfen
zurückgehalten wurde, weil niemand die Lieferanten bezahlen konnte. Auch stieß
die Entscheidung auf Unverständnis, die Hochqualitätsware mit Rabattaufklebern
gespickt auf einem Wühltisch in einem Möbelhaus zu verramschen.

Alles zusammengenommen führte unweigerlich zu großen Meinungsverschie-
denheiten im Vorstand. Anfang Mai 2012 offenbarte Insolvenzverwalter Böhm den
Mitarbeitern, was als nächstes auf sie zukommen würde, erklärte das Insolvenzverfahren und nahm damit dem Vorstand einiges an unangenehmer Arbeit ab. Dem
hätte nach Angaben des Chefs der Industriegewerkschaft Bergbau, Chemie und
Energie in Nordostbayern, Hartmut Baumann, sowieso niemand geglaubt.[16] Von
der Führungsriege wurde zu Bilanzstichtagen bisher vieles geschönt, um selbst so
gut wie möglich dazustehen. Darunter zu leiden hatten die Angestellten, die auf Gehalt verzichten und sich mit gekürztem Weihnachtsgeld begnügen mussten. Sogar
Entlassungen waren die Folge. Wurde etwas gekürzt, kam jedoch immer das Versprechen, dass das nicht wieder vorkäme. Die Leute wünschten sich jemanden, der
den Betrieb endlich ordentlich umkrempeln und wieder Ruhe hineinbringen würde.

Ein Blick auf die Firmengeschichte zeigt: Alles fing vielversprechend an ... vor mittlerweile über 150 Jahren. Philipp Rosenthal gründete sein Unternehmen im Jahr 1879 in einem kleinen Dorf nahe Selb. Er kaufte zu Beginn sein Geschirr von Keramikherstellern und bemalte es. Sein Geschäft lief so gut, dass sich die Lieferanten nach kurzer Zeit weigerten, ihn weiter zu beliefern. Also stellte er sein Porzellan von nun an selbst her. Das Geschäft boomte, bis die Nazis an die Macht kamen und die Familie Rosenthal aufgrund ihrer jüdischen Abstammung das Unternehmen verlassen musste. Nach 1945 erhielt der Sohn Philip Rosenthal die Firma zurück. In den nächsten 40 Jahren arbeitete das Unternehmen mit vielen Künstlern zusammen und neue Linien, zum Teil Klassiker, entstanden. 1960 eröffnete in Nürnberg das »Rosenthal Studio-Haus« als erste Design-Ladenkette der Welt.[17] In den 1980er-Jahren wurden über 7500 Mitarbeiter beschäftigt. In den 90ern kam dann der Einbruch durch Billigproduktlieferanten aus Asien.

Nach der Übernahme von über 90 Prozent der Aktien durch Waterford Wedgwood galt Rosenthal im Bereich der Herstellung hochwertigen Geschirrs und Kunsthandwerks aus Porzellan und Kristallglas gemeinsam mit dem britisch-irischen Konzern als Weltmarktführer. Die Zahlungsunfähigkeit des Hauptaktieneigners brach dem sowieso schon angeschlagenen Unternehmen Rosenthal dann jedoch endgültig das Genick. Genau vier Monate nach Eröffnung des Insolvenzverfahrens wurde der Verkauf an Sambonet Paderno, einen italienischen Haushaltswarenhersteller, bekanntgegeben. Heute ist die Rosenthal GmbH ein eigenständiges Unternehmen des italienischen Konzerns.

Nahbarkeit und Emotionalität

Der Beratungsjob ist ein Vertrauensjob. Steigt ein akkurat gescheitelter Anzugträger mit Aktentasche und Notebook aus einem Porsche, signalisiert das der Geschäftsführung und allen Führungsverantwortlichen: »Der ist erfolgreich, der weiß, was er tut. Der ist sein Geld wert.« Die anderen 95 Prozent, die nicht zur Führungsetage gehören, erhalten hingegen das Signal: »Achtung – der steckt unser Geld in seine eigenen Taschen. Der ist gefährlich!« Das sind nicht die besten Voraussetzungen für einen Berater, der das Gespräch mit den

> **Schon der erste Eindruck entscheidet darüber, ob ein Berater Sympathiepunkte sammeln kann.**

Mitarbeitern braucht. Menschen empfinden einen anderen Menschen dann als nahbar, wenn dieser ein offenes, ehrliches und vertrauenswürdiges Bild abgibt. Das fängt schon mit dem ersten Eindruck an, der sich innerhalb weniger Sekunden einstellt. Ist diese Chance vertan, weil vielleicht die Optik nicht stimmt, Mimik und Gestik ihr Übriges tun und die Person als Ganzes nicht zur Werteebene der Beobachter zu passen scheint, wird es extrem schwer, sich Sympathiepunkte zu holen. Das im ersten Teil beschriebene Modell der *9 Levels* erklärt, warum das so ist.

Wie kommt nun der vielzitierte Anzugträger beim Produktionsmitarbeiter an? Würde der sich dem Berater gegenüber öffnen und ihm aufrichtig von seinen Bedenken, Sorgen oder gar Ideen erzählen? Wohl kaum. Der Mitarbeiter zieht seine ganz eigenen Schlüsse aus dem typischen äußeren Erscheinungsbild eines Beraters. Er sieht sich nicht auf derselben Ebene mit jemandem in dieser »Aufmachung«, also blockt er. Sucht der Berater nun beispielsweise den Kontakt zu Nicht-Anzugträgern, muss er etwas ganz Entscheidendes tun: Er muss sich auf deren Level einstellen. Er ist gefordert, sich auf die Werteebene seines jeweiligen Gegenübers zu begeben. Ein Berater, der selbst auf dem achten, türkisen Level zu Hause ist, hat damit keine Probleme. Mit seiner extrem scharfen Wahrnehmung und seiner überaus großen Auffassungsgabe erkennt er Chancen und Möglichkeiten genauso wie Fehlschlüsse und Irrtümer. Er schafft es, Zugang zu Menschen aller Werteebenen zu bekommen, wohingegen es einem Berater auf dem roten Level nicht gelingen würde, die Mitarbeiter zu erreichen – er würde es auch gar nicht wollen, wenn er daraus keinen direkten persönlichen Nutzen ziehen kann.

Nahbarkeit ist also eine Eigenschaft, die der Berater von übermorgen unbedingt haben oder ausbilden muss, wenn er die Gesamtheit eines Unternehmens kennenlernen und zwischen den Zeilen lesen möchte. Um den Kunden bestmöglich durch einen Prozess zu begleiten, muss er ihm unweigerlich sehr nah sein. Er muss die Fähigkeit besitzen, mit viel Empathie auf das Thema eingehen zu können. Die meisten Berater aus großen Unternehmensberatungsfirmen gehen analytisch und sehr präzise vor, verstehen den Kunden und seine Welt aber nicht emotional. Doch mangelt es an diesen Soft Skills, sind Projekte unweigerlich zum Scheitern verurteilt.

Apropos Scheitern von Projekten: Woran liegt es, dass (laut der meisten veröffentlichten Studien) etwa zwei Drittel aller Projekte scheitern? Allein diese Aussage klingt ziemlich niederschmetternd, und man fragt sich, was so falsch läuft, wenn scheinbar nur ein Drittel der Projekte erfolgreich ist. In Beraterkreisen gibt es den Begriff des »Scheiterns« jedoch überhaupt nicht, denn es gehört nicht zu den Zielen von Beratern, ein Scheitern zuzulassen. Kein Berater würde publik machen, dass er an einem gescheiterten Projekt beteiligt war. Zugleich kommen aber genau aus diesen Kreisen all die Studien, die schwarz auf weiß belegen, wie schlecht es um Projekte in Unternehmen steht. Es stellt sich also die Frage: Woher genau kommen diese Zahlen?

Schaut man in die 1990er-Jahre zurück, findet man einige Antworten, und zwar bei den Erfindern der im Vorfeld gefeierten Methoden selbst. Damals hat zum Beispiel James Champy, der Schöpfer des *Business Process Reengineerings* – einer damals angewendeten Managementmode, die heute kaum noch Anhänger findet – veröffentlicht, dass mehr als zwei Drittel aller Reengineering-Projekte scheitern, wenn man sie an ihren hochgesteckten Zielen misst.[18] Heute gehen die Studien in Richtung missglückter Change-Management-Projekte, wobei die Prozentangaben meist zwischen 60 Prozent und 70 Prozent liegen, sehr selten bei 80 Prozent. Eins haben diese Zahlen gemeinsam: Die Wahrscheinlichkeit, dass ein Projekt scheitert, ist groß. Daher noch mal: Woher kommen die Zahlen?

In erster Linie sorgen genau die Beratungs- und Forschungsinstitute, die die enstprechende Managementmethode anbieten, für das Erscheinen solcher Zahlen, durch die die Methode praktisch zerrissen wird. Scheinbar paradox, oder? Schneiden sich die Berater damit nicht ins eigene Fleisch? Ganz im Gegenteil: Hinter den Zahlen steht die Botschaft, dass die Unternehmen selbst gar nicht das nötige Know-

Hinter den erschreckenden Zahlen zum Scheitern von Projekten verbirgt sich ein Akquisetrick der Beratungsunternehmen.

how an Bord haben, um eigenhändig derart komplexe Projekte zu stemmen. Letztlich sind diese Zahlen also ein Akquisetrick, und ihre Message lautet: »Schon die Vorgehensweise ist viel zu komplex für euch! Das Wissen, wie man Mitarbeiter mit einbinden kann, ist bei euch nicht vorhanden, und das Top- Management kocht sowieso nur sein eigenes Süppchen und informiert die Leute nicht. Und jetzt kommen wir, die Berater, mit unserer geballten Fachkompetenz als Retter des verbleibenden Drittels.«

Um sich einen Überblick über das Projektgeschehen in Unternehmen zu verschaffen, nutzen Beratungsunternehmen oder entsprechende Forschungsinstitute einen kurzen Fragebogen. Die Firmen, die befragt werden sollen, werden dann entweder alle abtelefoniert oder ein Berater stattet ihnen mit dem Fragebogen unterm Arm direkt einen Besuch ab. Anschließend werden die Ergebnisse ausgewertet, zu einer kleinen, schockierenden Studie zusammengefasst und an die Unternehmen geschickt. Im Idealfall gelingt es zeitgleich, die Studie in Wirtschaftsmedien zu platzieren.

Die Fragebögen landen auf den Tischen der Mitarbeiter, die Budgets verantworten und entsprechende Entscheidungsfreiheiten haben. Sie werden als Experten angesprochen, und für die Berater erhöht sich so die Wahrscheinlichkeit, mit diesen Mitarbeitern ins Gespräch zu kommen. Die Tür ist schon einen Spalt weit geöffnet. Zusätzlich geben sich die Berater als Experten für die entsprechende Projektmethode aus und geben vor, genau zu wissen, warum die meisten Projekte scheitern. Es werden selbstverständlich auch nur solche Firmen für die Erhebung der Umfragedaten ausgewählt, die nicht in der eigenen Kundendatenbank stehen – denn es wäre äußerst peinlich, wenn diese als Negativbeispiele auffallen würden. Stattdessen werden Unternehmen gewählt, die angeblich bis dato immer selbst verantwortlich waren für das Scheitern ihrer Projekte.

Eine weitere Auffälligkeit ist auch der Zeitraum, in dem diese Studien durchgeführt werden. Die Befragungen finden nämlich fast immer innerhalb von zwei bis maximal fünf Jahren nach der Einführung eines neuen Konzepts, einer neuen Strategie oder eines neuen Tools statt.

Selbstverständlich ist es nicht ungewöhnlich, dass sich neue Dinge erst einmal eine Weile bewähren müssen, doch eine gewisse Zuverlässigkeit wird auch von neuen Ideen erwartet – ja vorausgesetzt. Denn Unternehmen können es sich nicht leisten, schlecht erprobte Konzepte anzuwenden und so eventuell zum Versuchskaninchen zu werden. Unterm Strich sind die meisten Neuerungen auch gut ausgearbeitet – und doch fallen nach einiger Zeit vermehrt blinde Flecken auf. Außerdem fehlt den meisten Firmen für eine erfolgreiche Umsetzung das notwendige Know-how. Das lässt sich auch nur schwer aus umfangreichen Unterlagen herausholen, die ihrerseits wieder aus den neuen Managementbüchern kompiliert wurden.

Geht es erst einmal an die harte Praxis, erkennt man, dass es hier und da hakt und dass das Konzept doch nicht das hält, was es verspricht. Käme unter diesen Umständen nach ein paar Jahren der Bewährung heraus, dass nur etwa 10 Prozent aller Projekte scheitern, würde das wohl niemand glauben. Auf der anderen Seite würde eine Quote von 90 Prozent jegliche Hoffnung dahinschwinden lassen, dass dieses Konzept überhaupt noch sinnvoll ist. Ist dagegen von einem Drittel erfolgreicher Projekte die Rede, lässt das noch einen gewissen Raum für Hoffnungen, dass es doch die Chance gibt, ein Projekt erfolgreich abzuschließen – vorausgesetzt, man schließt sich mit den richtigen Partnern zusammen.

> **In der Praxis zeigt sich, dass viele neue Konzepte doch nicht das halten, was sie versprechen.**

■ *Mit den richtigen Partnern hätte sich auch die renommierte Schweizer Fluglinie* **Swissair** *zusammentun müssen. Nach einer langen Vorgeschichte des langsamen Niedergangs, der bis ins Jahr 1992 zurückreicht, hatte Chief Operating Officer (COO) Philippe Bruggisser 1997 einen neuen Führungsstab für seine Airline zusammengestellt, um frischen Wind in das angeschlagene Unternehmen zu bekommen. Die Konkurrenz war groß, und rundherum wurden große Zusammenschlüsse besiegelt: 1999 taten sich American Airlines, Cathay Pacific und Quantas in der Oneworld Alliance zusammen. Im Frühling 1997 wurde sogar der bisher mächtigste Zusammenschluss besiegelt, der 1300 Flugzeuge, 211 000 Mitarbeiter, 42 Milliarden Dollar Umsatz und 174 Millionen Fluggäste umfasste[19] und den Namen Star Alliance bekam. Mit diesen massiven Bewegungen am Markt im Hintergrund beauftragten* *die Manager von Swissair ihre Berater, die unter Bruggisser immer mehr an Einfluss gewannen, mit dem Erarbeiten einer Strategie, die ihre Fluglinie eigenständig und als Konkurrenz zu den ganz Großen auftreten lassen sollte. Eine mögliche Allianz mit British Airways wurde zusätzlich intern geprüft.*

Die Prognosen der Berater sahen damals so aus: Ihrer Meinung nach würden sich die Airlines weiter zusammenschließen und innerhalb ihrer Allianzen auch die Preise eigenständig festlegen. Sie rieten Swissair u. a. aus diesem Grund davon ab, Teil eines großen Luftfahrtbündnisses zu werden, und empfahlen, mit der soge-nannten »Hunter«-Strategie zur »dritten oder vierten Kraft«[20] Europas zu werden – also mit einer eigenen Allianz unter der Führung von Swissair. Unterstützt wurde der Entschluss, sich niemals einem großen Bündnis anzuschließen, vom Verwal-tungsrat, der noch tief in der Schweizer Tradition verankert war und die mit einer Mitgliedschaft in einer Allianz verbundene Abhängigkeit niemals zulassen wollte. Swissair kaufte sich also Beteiligungen an mehreren Fluggesellschaften, die aber leider wirtschaftlich nicht gesund waren und nur Sanierungskosten verursachten. Im März 1998 wurde die Qualiflyer Group mit Swissair als Kopf geboren, die bis zum Ende des Jahres durch neun weitere Airlines ergänzt wurde. Einer dieser Partner war Delta, der aber nach einem internen Führungs- und Strategiewechsel aus der Qualiflyer-Allianz ausstieg und eine neue Allianz aufbaute. Bruggisser jedoch hielt selbst dann noch weiter an seiner Strategie fest, als viele weitere Partner ebenfalls ausgestiegen waren.

Innerhalb des Unternehmens hatte die Beraterfirma davor gewarnt, mit allen Mitteln andere Airlines dazuzukaufen, um damit den Umsatz zu erhöhen. Im da-maligen Verwaltungsrat der Swissair saßen aber die einflussreichsten Leute der Schweiz, die auf ihren Plänen beharrten. Die Berater gaben schließlich auf und beugten sich deren Vorstellungen. Sie hatten schlichtweg Angst davor, ihr Mandat zu verlieren.[21]

Als Jeffrey Katz, ein Mitglied der neuen Führungsriege, die für frischen Wind bei der Airline sorgen sollte, im Juli 2000 kündigte – er wurde mehrmals nicht berück-sichtigt, als es darum ging, wichtige interne Ämter neu zu besetzen –, bekam die Presse Wind von den internen Vorgängen bei der Swissair. Es wurde gemunkelt, dass Katz' Kündigung die Spitze eines Eisbergs sein könnte und dass sein Abgang den Be-ginn einer großen Kettenreaktion markierte. Öffentlich wurde plötzlich die gesam-te »Hunter-Strategie« in Frage gestellt, und der Verwaltungsrat setzte Bruggisser daraufhin unter Druck. Die Berater bekamen den Auftrag, die aktuellen Zahlen der Swissair zu analysieren, sodass klar zu sehen war, wie die finanzielle Lage tatsäch-lich aussah – sozusagen als Beweis dafür, dass die »Hunter-Strategie« falsch war.

Doch das Ergebnis passte dem Verwaltungsrat gar nicht, und die Geschäfte mit dem Beratungsunternehmen wurden gekappt.

Die Ereignisse überschlugen sich. Der Verwaltungsrat entledigte sich Bruggissers; es gab weitere Wechsel an der Führungsspitze, deren Mitglieder sich untereinander zum Teil anfeindeten, und zwei neue Studien anderer Beratungsunternehmen legten Anfang März 2001 die Karten offen auf den Tisch: Swissair sollte demnächst untergehen. Der Verwaltungsrat beschloss daraufhin, komplett zurückzutreten. Am 2. Oktober 2001 blieben alle Flugzeuge der Airline am Boden. Passagiere mussten von jetzt auf gleich sehen, wie sie zu ihrem Ziel kamen, und waren praktisch sich selbst überlassen. Der letzte Personalchef der Swissair, Matthias Mölleney, schickte nach dem Grounding über 5000 Entlassungen raus – darunter seine eigene.

Die Drahtzieher der Swissair-Führungsriege und die Mitglieder des Verwaltungsrats wurden öffentlich in der Luft zerrissen, was man den Betroffenen wie Mitarbeitern, Aktionären und anderen Gläubigern nicht verübeln kann. Bis heute haben die Verantwortlichen mit Spott und Hohn zu kämpfen. Manche von ihnen sind untergetaucht, und die meisten von ihnen leben nicht mehr in der Schweiz. Auch der Ruf der namhaften Beratungsfirma hat dadurch gelitten. Das Swissair-Desaster wird ihr wohl noch lange anhaften.

Obwohl die Berater schon früh die Karten auf den Tisch gelegt hatten, ließen sie sich durch das starke Management der Airline in die Schranken weisen. Spätestens zu diesem Zeitpunkt wäre es richtig gewesen, das Mandat niederzulegen, weil die Zusammenarbeit nicht mehr auf einem gemeinsamen Level stattfinden konnte. Das taten die Berater aber nicht, und erhielten schließlich die Quittung in Form von Überschriften wie »McKinsey kassierte

> **Wenn die Zusammenarbeit auf einem gemeinsamen Level nicht mehr möglich ist, sollten Berater ihr Mandat niederlegen.**

für Desaster-Beratung 100 Millionen – Herr Knecht, wann zahlen Sie das zurück?«[22] in der Boulevardpresse. Hatten die Berater während ihres Vorgehens Bauchschmerzen? Schlaflose Nächte? Gewissenskonflikte? Sich einem übermächtigen Kunden zu beugen, kratzt mit großer Wahrscheinlichkeit am Ego. Alles andere wissen nur sie selbst.

Studien über das Scheitern von Projekten präsentieren nicht nur ernüchternde Zahlen, sondern auch die Gründe für das Scheitern. Dazu zählen zum Beispiel handwerkliche Fehler, die schlechte Einbindung der Mitarbeiter oder ein wenig engagiertes Top-Management. Natürlich sind diese Probleme verbreitet und oft tatsächlich ein großes Manko. Doch wo genau der Hund begraben liegt, bekommt man durch solche Verallgemeinerungen nicht heraus. Studien des Scheiterns werden sogar als »Erkenntnisverhütungsmittel«[23] bezeichnet. Hier findet die Beraterzunft ein großes Potenzial, das es noch auszuschöpfen gilt: Wie kommt man an die prekären Details? Aufschlüsse darüber wären ungeheuer wertvoll, doch sie würden von einem Berater auch etwas ganz anderes verlangen als strategisches Denken: nämlich Verständnis, Einfühlungsvermögen und andere weiche Faktoren.

Der klassische Beratertyp hat allerdings größte Defizite auf diesem Gebiet. Wir werden daher nicht müde, zu betonen: Der Kunde möchte zunehmend beides. Er möchte sowohl analytisches Vorgehen als auch Soft Skills, wie Emotionalität, Nahbarkeit und Empathie.

Wie entwickelt man diese Empathie? Wie baut man Vertrauen auf? Wie lernt man ein Unternehmen im Kern kennen? Wie holt man sich wichtige Informationen, die nirgendwo niedergeschrieben sind? Die Antwort darauf ist einfach, aber für die meisten Berater schwer umzusetzen: Man muss einfach zuhören!

Die Kunst des Zuhörens

Keine Zahl kann es belegen, keine Grafik darstellen: Das, was unter der Oberfläche schmort, lässt sich nur auf indirektem Weg bestätigen – und doch ist es so präsent, dass es einen extremen Einfluss darauf hat, ob eine gewinnbringende Zusammenarbeit zwischen Auftraggeber und Berater zustande kommt.

Es sind die Eindrücke, Gefühle und Gedanken der Menschen in einem Unternehmen, die darüber entscheiden, was als nächstes passiert: ob sie voll hinter ihrer Arbeit stehen und tagtäglich mit größter Motivation an ihre Sache rangehen, oder ob sie innerlich unzufrieden, gehemmt und demotiviert sind und ihren Job nur halbherzig erfüllen.

Vielleicht liegt sogar etwas auch so sehr im Argen, dass es zu Denkblockaden und Handlungsunfähigkeit kommt, was sich über kurz oder lang im Ergebnis des Unternehmens niederschlägt? Es sind also die unausgesprochenen und nicht dokumentierten Themen, die unbedingt auf den Tisch müssen, wenn ein Berater seine Arbeit gut machen will.

Dies ist so etwas wie die andere Seite der Transparenz: eine Transparenz, die nur vom Kunden kommen kann, die dem Berater den kompletten Überblick über das Schachbrett ermöglicht und ihm verdeutlicht, warum das Feld B2 eine Auswirkung auf das Feld B7 hat – die also zeigt, wie die Zusammenhänge sind und warum. Was muss ein Berater jetzt (und nicht erst übermorgen!) tun, wenn er diese Transparenz erreichen möchte? Die Leute werden bei ihm sicherlich nicht Schlange stehen, um endlich ganz offenherzig über all das zu sprechen, was sie schon seit langer Zeit beschäftigt. Ein Berater muss selbst die Initiative ergreifen und das Gespräch suchen, und zwar nicht nur mit der Geschäftsführung, sondern mit all jenen, deren Meinungen und Gedanken für die weiteren Schritte wichtig sein können – und dafür sollte der Berater ein Gespür haben.

> **Berater müssen selbst die Initiative ergreifen und das Gespräch suchen.**

Im Gespräch selbst ist es dann eine bestimmte, besonders wichtige Fähigkeit, die ausschlaggebend dafür ist, ob der Berater viele aufrichtige Informationen erhält: Diese Fähigkeit ist das Zuhören.

■ *Darauf setzte auch Eva-Lotta Sjöstedt, die im Februar 2014 die Führung der Warenhauskette* **Karstadt** *unter Investor Nicolas Berggrün übernommen hatte. Nur knapp ein halbes Jahr später erklärte sie als sechste Managerin innerhalb der letzten zehn Jahre ihren Rücktritt. In einer Presseerklärung im Sommer desselben Jahres gab sie an, im vergangenen Herbst entschieden zu haben, Karstadt als angeschlagenes Unternehmen »übernehmen und entwickeln zu dürfen«[24]. Es stellte sich für sie jedoch heraus, dass sie nicht mehr die Voraussetzungen antraf, um den von ihr angestrebten Weg gehen zu können.*

Sjöstedt wollte den bisherigen Sanierungskurs ändern, in dem bisher immer von der Zentrale in Essen aus entschieden wurde, was in welcher Filiale zum Verkauf stehen sollte. Ihrer Meinung nach – und diese Grundhaltung sollte jeder gute Berater heute und in Zukunft beherzigen – wussten die Mitarbeiter vor Ort am besten, was die Kunden wollen. Sie sah keinen Sinn darin, ein einheitliches Konzept für alle 83 Warenhäuser[25] zu entwerfen, da sich der Bedarf der Kunden je nach Standort der Filialen stark unterscheidet. Während die einen für ihre Kunden eher Nahversorger sind (z. B. München-Schwabing), haben andere Filialen eine eher touristenlastige Kundenstruktur (z. B. Berlin Ku'damm). Sjöstedts Plan war, mit Mitarbeitern und Vor-Ort-Kunden zu sprechen und ... zuzuhören.

Die neue Chefin besuchte also nach und nach die Filialen und unterhielt sich dort mit den Leuten. Dabei schenkte sie der Belegschaft viel Vertrauen und plante im Gegenzug, komplett auf externe Beraterleistungen zu verzichten, die Karstadt viele Jahre lang in Anspruch genommen hatte. »Meine wichtigsten Berater sind meine Mitarbeiter und die Karstadt-Kunden. Ich habe jetzt schon 50 Filialen besucht und ich habe viel Vertrauen in die Belegschaft – wir machen das zusammen. Die Mitarbeiter werden Karstadt neu erfinden.«[26]

Mit diesem Grundgedanken wollte Sjöstedt näher an die Kunden herankommen, brauchte dafür aber das Geld von Investor Berggrün, der dazu offensichtlich nicht bereit war. Die wirtschaftlichen Rahmenbedingungen waren nicht gegeben und das veranlasste die Managerin dazu, ihr Amt niederzulegen. Und die Zahlen versprachen tatsächlich weiterhin nichts Gutes: Im Geschäftsjahr 2012/2013 brachen die Umsätze um weitere rund 10 Prozent auf 2,7 Milliarden Euro ein. Das war ein Verlust von 127 Millionen Euro. Zwar war das weniger als im Geschäftsjahr davor, doch da waren zusätzlich hohe Abfindungszahlungen für 2000 Mitarbeiter mit eingerechnet worden.

Berggrün hatte den Karstadt-Konzern im Jahr 2010 übernommen und wurde sogar von politischer Seite als Wohltäter gefeiert. Im September des vorhergehenden Jahres war das Insolvenzverfahren eröffnet worden. Der Preis für das Unternehmen bestand aus einem symbolischen Euro. Für die Namensrechte bezahlte Berggrün fünf Millionen Euro, die er sich wiederum mit 0,5 Prozent des Umsatzes bezahlen ließ. Für das Geschäftsjahr 2013/2014 wird dieser Betrag auf etwa 11 Millionen Euro geschätzt. Nun steht Berggrün offiziell längst als Heuschrecke da – kommen, auffressen, weiterziehen – und es wird angenommen, dass das einer der Hauptgründe für Sjöstedt war, auszusteigen. Der Frankfurter Rundschau gegenüber sagte ein Aufsichtsratsmitglied, das für Verdi im Kontrollgremium des Konzerns sitzt, dass der Rücktritt Sjöstedts weniger die tatsächliche aktuelle Lage von Karstadt widerspiegelt als vielmehr die Tatsache, dass man sich »auf Zusicherungen von Berggrün nicht verlassen kann«.[27]

Interessant ist die Meinung ehemaliger Karstadt-Mitarbeiter[28], die in Jugendjahren ihre Ausbildung im Konzern absolviert haben und bis zur Rente dort geblieben sind, weil sie mit Herzblut bei der Sache waren. Eine der Mitarbeiterinnen, die 1957 bei Karstadt anfing, spricht von einem guten soliden Unternehmen, und berichtet, dass man stolz war, wenn man dort arbeiten durfte. Umso schwerer ist es für die Ehemaligen, die aktuelle Presse zu verfolgen. Zwei der Interviewten treffen sich seit 17 Jahren regelmäßig in Recklinghausen, mittlerweile gemeinsam mit anderen ehemaligen Karstadt-Mitarbeitern, die seit Beginn ihres Ruhestands dabei sind, was die immer noch andauernde Verbundenheit zum früheren Arbeitgeber dokumentiert.

Die Angestellten fühlten sich nach eigenen Angaben wie in einer großen Familie. Damals gab es noch genug Verkäuferinnen pro Filiale, und man hatte beispielsweise die Zeit, zur Beratung beim Kleidungskauf mit den Kunden ans Tageslicht zu gehen, um zu sehen, ob die Farben auch hier zusammenpassten. Ende der 1970er-Jahre mischte plötzlich eine amerikanische Unternehmensberatung mit – und vorbei war es mit dem Stolz, den die Mitarbeiter bis dahin fühlten, weil sie Teil von Karstadt waren. Die Filiale in Herten zum Beispiel hatte Schaufenster, die wahre Hingucker boten und vor denen man gerne mit Kunden ins Gespräch kam. Nach dem Einmarsch der Berater wurde diese Deko durch ein Gitter ausgetauscht, an dem Klamotten an Kleiderbügeln einfach hingehängt wurden. Für die Mitarbeiter war das nicht nachvollziehbar.

> **Als sich eine große Unternehmensberatung einmischte, war es vorbei mit dem Stolz der Mitarbeiter, Teil der Karstadt-Familie zu sein.**

Nicht nur bei der Dekoration, sondern auch bei den Vorgesetzten änderte sich etwas: Die kamen nicht mehr aus dem jeweiligen Fachbereich und hatten auch keine Ausbildung mehr innerhalb des Konzerns absolviert. Stattdessen waren es Absolventen betriebswirtschaftlicher Studiengänge, die nun beispielsweise den Posten eines Abteilungsleiters für die Damenkonfektion übernahmen. Die Mitarbeiter waren sich einig, dass jemand ohne Fachkenntnisse oder Erfahrungen in der Mitarbeiterführung überhaupt nicht geeignet war, zu entscheiden, was zu tun ist. Für die Mitarbeiter hatte Karstadt seine Seele verloren.

Eva-Lotta Sjöstedt wollte versuchen, dem Konzern wieder eine Seele zu geben. Ihre Herangehensweise, auf die Mitarbeiter zuzugehen und mit ihnen zu sprechen, schürte große Hoffnung. Schon bevor sie offiziell ihre Position als neue Chefin angetreten hatte, stellte sich Sjöstedt selbst hinter die Kasse und agierte sozusagen direkt an der Front. Sie begab sich auf eine Ebene mit den Mitarbeitern, nahm sie ernst, hörte zu. Während dieser Zeit in den Filialen fiel ihr der allgegenwärtige »Einheitsbrei« auf, der etwa darin zum Ausdruck kam, dass man am Sortiment nicht erkennen konnte, in welcher Stadt man sich gerade befand. Dabei könnten sich die überall in Deutschland verteilten Warenhäuser jeweils an ihre Region angepassen – sie müssten sich nur individuell damit beschäftigen. Als Sjöstedt die Herausforderung annahm, die Kundenbindung zu stärken, neue Kundengruppen anzusprechen und Karstadt unverwechselbar zu machen – so die Vorgaben des Aufsichtsrats –, war es ihr Ziel, vor Ort darauf einzugehen, »was den Menschen dort wichtig ist, was sie beschäftigt, was sie inspiriert«.[29] Doch Berggrün unterstützte das Ganze letztendlich, trotz vorheriger Zusicherung, nicht.

Auch dem neuen Karstadt-Besitzer René Benko, der im August 2014 mit seiner Sigma Holding mit Sitz in Wien die Warenhauskette übernommen hat, schenken die Ehemaligen wenig Vertrauen. Sie können sich nämlich nicht vorstellen, dass Immobilienhaie Ahnung davon haben können, wie man ein Warenhaus wie Karstadt wieder aufbaut. Es werden wieder Köpfe rollen und Häuser geschlossen werden.

> **Viele wissen heutzutage gar nicht mehr, wie man richtig zuhört.**

Zuhören gehört zu den Werten, die heute gerne vernachlässigt werden. Stellt man die etwas über 1,5 Millionen Google-Treffer für das Wort »Zuhören« den über 22 Millionen für »Reden« gegenüber[30], bekommt man eine Vorstellung von der Gewichtung des Interesses. Die Menschen scheinen den Wert des »richtigen« Zuhörens heutzutage nicht mehr genügend zu schätzen – oder sie wissen nicht mehr, wie man eigentlich zuhört.

Doch wie genau hört man »richtig« zu? Einer redet, und der andere hält die Klappe? Wenn man es oberflächlich betrachtet, bedeutet es genau das. Allerdings gehört zum Zuhören noch viel mehr – vor allem eines: Aufmerksamkeit.

■ *Was das bedeutet, zeigte sich in einem Gespräch mit einem Geschäftsführer eines großen Schweizer Automobilhändlers während einer Fahrt von einem Seminar zum Flughafen: Der Geschäftsführer erzählte, dass aktuell Probefahrten mit einem neuen Auto der absolute Renner seien und dass eine so große Nachfrage danach bestehe, dass sich die fast gar nicht bewältigen ließe. Merkwürdigerweise könnten aber im Vergleich dazu nur sehr wenige Kaufabschlüsse verzeichnet werden. Auf die Frage, wie diese Probefahrten in der Regel abliefen, antwortete der Geschäftsführer: »Der Kunde bekommt das Auto für die Probefahrt zur Verfügung gestellt, und dann wartet man beim Händler auf die Reaktion.« Das Problem lag damit auf der Hand: Der Kunde steigt in den Vorführwagen ein, ohne ein Bild von den Möglichkeiten dieses Autos zu haben. Er kennt zu diesem Zeitpunkt weder die Vorzüge dieses Modells noch das Potenzial, das er mit einer Bestellung nach seinen ganz individuellen Wünschen realisieren könnte. Also könnte er auch bei jedem x-beliebigen anderen Händler bestellen.*

Die vorgeschlagene Lösung: Das Kundengespräch sollte vor der Probefahrt stattfinden. Der Kunde berichtet in diesem Gespräch darüber, was er sich von seinem neuen Auto wünscht und erhofft – und der Verkäufer hört ihm gut zu und berät ihn seinen Wünschen gemäß. Steigt der Kunde dann in den Vorführwagen ein, kann er sich aufgrund des Gespräches mit dem Verkäufer und der Informationen, die er dabei bekommen hat, sein neues Auto geradezu bildlich vorstellen. Die Augen leuchten. Zwischen Wunsch und Wirklichkeit steht dann nur noch die Vertragsunterzeichnung.

Dabei ist es entscheidend, mit welcher inneren Haltung man seinem Gegenüber zuhört. Ist es einem im Grunde gleichgültig, was der Gesprächspartner zu sagen hat, wird dieser das schnell merken. Auch, wenn man nur teilweise bei der Sache ist und eigentlich schon wieder anderes im Kopf hat, bleibt das nicht lange verborgen. Viele Berater haben zudem eine Vorliebe für Monologe. Sie beißen sich an analytischen Themen fest, wissen aber nicht, wie man gemeinsam mit seinem Gegenüber einen Interaktionsprozess durchläuft. Dabei ist Interaktion sehr wichtig, um sich immer wieder zu vergewissern, dass die eigenen Gedanken in die richtige Richtung gehen und dass man den Kunden und die Zusammenhänge richtig versteht. Es ist ein permanenter Feedbackprozess in beide Richtungen. Interaktion ist ein offenes »Werden«, bei dem man nicht weiß, wohin das Gespräch führen wird. Richtig zuhören kann man also nur, wenn man sich voll und ganz auf den Gesprächspartner einlässt, das heißt wenn man

- sich auf Null schaltet – alle Gedanken zum Thema ausblendet,
- sich nur auf sein Gegenüber und die aktuelle Situation fokussiert,
- aufmerksam »zwischen den Zeilen« liest,
- aktiv Dinge hinterfragt, Signale setzt und Denkanstöße gibt und
- der Situation angemessen intensiv kommuniziert.

Ein guter Berater ist in der Lage, sich auf sein Gegenüber einzustellen.

So legt man die Basis für wertschätzende Kommunikation, in der man dem Gesprächspartner das Wort überlässt. Damit das gelingt, ist sehr gute Menschenkenntnis gefragt. Es gibt Menschen, die munter drauflosreden – weil ihnen endlich einmal jemand zuhört – und solche, die sich überhaupt nicht gerne öffnen. Dazwischen sind alle denkbaren Mitteilungstypen anzutreffen. Für den Berater besteht die Herausforderung darin, sein Gegenüber möglichst schnell einzuordnen und sich auf dessen Bedürfnisse – und damit auf seine Werteebene – einzustellen. Ein guter Berater kann das. Wer ein guter Berater werden will, muss also diese Fähigkeit erlernen.

Wichtig ist beim Zuhören auch eine neutrale Haltung. Nicht zu werten und niemanden in eine Schublade zu stecken, gehört zur Grundeinstellung eines guten Beraters. Neigt ein Berater dagegen zu Wertungen oder geht voreingenommen in ein Gespräch, wird sich der Gesprächspartner zum einen nicht öffnen, weil er die ablehnende Haltung spürt, zum anderen wird er dem Berater vielleicht sogar bewusst entscheidende Informationen vorenthalten. Das kann dazu führen, dass das gesamte Projekt gefährdet ist.

Ein Berater, der sich nicht auf einer Werteebene befindet, die – wie die Levels Gelb und Türkis – den Blick und das Verständnis für die anderen Werteebenen ermöglicht, muss zumindest in der Lage sein, seine Ebene zu verlassen und auf »neutral« zu schalten. Ein Berater von übermorgen muss das können. Oder er muss es lernen.

Die Wertebrille

Jeder schaut durch seine eigene Wertebrille. Durch diese Brille bewertet er sich selbst und auch alle anderen Menschen, die ihm begegnen. Das passiert meist unbewusst. Bei der ersten Begegnung mit dem Kunden beispielsweise bewertet ein Berater seinen Kunden. Er schätzt diesen ein. Dabei passiert folgendes: Wird der Kunde »entwertet«, wertet sich der Berater entsprechend selbst auf. Wird der Kunde hoch eingeschätzt, wertet sich der Berater entsprechend ab.

Welches »Rating« der Berater seinen Kunden gibt, hängt davon ab, wie sich der Berater selbst sieht. Dieses Selbstbild entsteht und entwickelt sich von frühester Kindheit an – mit allen Erfahrungen, Eindrücken, Begegnungen, Gefühlen – bis ins Jetzt. Hat jemand in seiner Kindheit schlechte Erfahrungen gemacht, weil er zum Beispiel von seinen Eltern fast ausschließlich negative Botschaften erhalten hat (»Du bist ein Versager«, »Du bist eine Last für uns«, »Du kannst nichts« etc.), wird er sich selbst eher negativ einstufen, sich also meist entwerten. Läuft etwas schief, wird er die Schuld überwiegend bei sich selbst suchen. Diese Grundeinstellung schwächt verständlicherweise permanent das Selbstwertgefühl. Zudem entsteht dabei das Dilemma, dass man andere Menschen noch abwertender betrachten muss, um mit dieser verborgenen, aber omnipräsenten Negativ-Botschaft überhaupt leben zu können.[31] Menschen, die Erfahrungen dieser Art gemacht haben, bauen im Laufe ihres Lebens oft eine Art Schutzschild um sich herum auf und wirken nach außen eher unsensibel, gefühllos oder straight – eigentlich genau das Bild eines klassischen Beraters, das heute in den meisten Köpfen vorherrscht. Auf den ersten Blick klingt das nicht nach den besten Voraussetzungen, um gut oder konstruktiv mit anderen umgehen zu können. Ein solcher Berater schaut nämlich durch eine Wertebrille, die ihn hemmt und es ihm erschwert, offen auf andere zuzugehen. Diese Brille muss er loswerden!

Doch auch ein Berater, der sich selbst höher einschätzt als sein Gegenüber, muss erst seine Wertebrille absetzen, um offen mit seinem Kunden ins Gespräch zu kommen. Tut er das nicht, besteht die Gefahr, dass er als überheblich, besserwisserisch oder meinungsresistent rüberkommt.

Nur wer die eigene Wertebrille absetzt, kann sich voll und ganz auf den Kunden einlassen.

Erst wer die eigene Wertebrille absetzt, kann komplett auf Null schalten. Er lässt sich nicht durch seine Gedanken stören. Er versucht nicht permanent, zu erklären, wie etwas funktioniert. Er wird auf das hören, was der Kunde zu sagen hat, sich auf ihn einstellen und abwarten, in welche Richtung sich das Gespräch entwickelt. Dass typische Berater von heute das nicht gut können, ist klar. Dass sie das aber auch nicht gerne machen – selbst, wenn es der eine oder andere eben doch kann –, ist ein ganz anderes Thema. Wer nämlich als Berater nur »sendet«, ist auf der sicheren Seite! Vielleicht halten deswegen die meisten so gerne Monologe, denn auf diese Art kommt es seltener zu unerwarteten Ereignissen oder Wendungen, weil man selbst die Zügel in der Hand hat. Den Kunden reden zu lassen, bedeutet dagegen, die Zügel locker zu lassen. Sie jedoch ganz aus der Hand zu legen, wäre fatal – denn dann könnte das Pferd plötzlich scheuen und voller Panik davonrennen. Lockere Zügel erlauben es dem Pferd dagegen, selbst zu entscheiden, in welche Richtung es galoppiert. Der Reiter ist dabei jederzeit bereit, die Zügel so straff zu ziehen, dass das Pferd nicht in die falsche Richtung läuft und eventuell an einem Abhang ins Rutschen kommt. Jetzt liegt es am Reiter, dem Pferd Orientierung zu geben und den sicheren Stall anzusteuern. Ganz ohne Wertebrille und mit viel Verständnis.

■ *Die Kombination von Fachwissen und Menschlichkeit spielt beim Berater von übermorgen eine herausragende Rolle. Veränderte Anforderungen verlangen Verständnis für die Situation und die neuen Gegebenheiten. Wer sich als Berater davor scheut, sich in diese neue Richtung weiterzuentwickeln, wird es schon bald schwer haben, mit denen auf einer Höhe zu bleiben, die eine Veränderung mitgehen wollen und können. Die bereit sind, in ihre eigene Weiterentwicklung zu investieren. Die den Kunden und seine Welt verstehen wollen. Die nicht die eigene Karriere in den Fokus stellen, sondern die Zukunft des Auftraggebers und seinen Nutzen für die Welt.*

Werte: Was sich verändern wird

Werte haben Menschen immer Orientierung gegeben – daran wird sich auch in Zukunft nichts ändern. Orientierung tut dem Menschen gut, und zwar auch dann, wenn sowieso alles rund läuft. Dann ist es den Werten zu verdanken, dass alles so ist, wie es ist. In guten Zeiten schleicht sich jedoch manchmal das Phänomen ein, dass grundlegende Werte, die zum Beispiel das Wohl anderer Lebewesen sicherstellen, nach und nach an Wichtigkeit verlieren bzw. sogar zeitweise verloren gehen können. Diese Tendenz ändert sich spätestens dann, wenn die Zeit der Blüte langsam in eine Zeit des Welkens übergeht, wenn sich die Rahmenbedingungen also wieder ändern. Sobald sich eine Krise anbahnt, tendieren Menschen nämlich dazu, sich wieder verstärkt auf ihre Werte zu besinnen. Sie machen sich bewusst, dass sie allmählich die Orientierung verlieren, wenn sie nicht ihren Werten gemäß leben.

In Krisenzeiten neigen Menschen dazu, sich wider auf Werte zu besinnen.

Plötzlich tauchen überall Menschen auf, die fordern, sich wieder auf die Grundwerte zu besinnen. Die Finanzkrise von 2007 bis 2009 brachte jede Menge dieser Redner hervor, die sich mit kraftvollen Worten an die Bevölkerung wandten. Diese ist in solchen Zeiten nämlich besonders aufnahmefähig für Ansprachen dieser Art, denn alle sind in einer Krise demselben Übel ausgesetzt. Eine gemeinsame Bedrohung und Angst lässt die Menschen näher zusammenrücken. Sie »verschwören« sich gemeinsam gegen diese ungewollte, bedrohliche Macht und integrieren bei diesem geschlossenen Aufmarsch selbst diejenigen, die sie unter normalen Umständen eher übersehen oder sogar bewusst gemieden hätten. Der Zukunfts- und Trendforscher Matthias Horx spricht hier von einem »solidarischen Zusammenrücken, das dem Überlebensinstinkt der Menschen entspricht«.[1]

Aktuell sind die wirtschaftlichen Rahmenbedingungen extrem gut … noch. Je höher der Börsenkurs steigt, desto vorsichtiger sollte man allerdings werden. Man kann nämlich mit sehr großer Wahrscheinlichkeit davon ausgehen, dass es irgendwann den nächsten Crash geben wird. Dann werden nur die Unternehmen eine Überlebenschance haben, die es geschafft haben, sich neu aufzustellen. Das bedeutet nicht nur, sich anzupassen – das wäre zu wenig in solch einer Situation –, sondern sich rechtzeitig neu auszurichten. *Und zwar jetzt!* Noch gibt es viele Möglichkeiten, Geld hereinzuholen und ein Polster zu bilden. Ist der Crash erst einmal da, ist es zu spät.

Innovationen und Wertewandel

Werte und ihre Gewichtung haben sich im Laufe der Zeit immer wieder verändert. Ausschlaggebend dafür waren vor allem Innovationen, die das wirtschaftliche und gesellschaftliche Leben der Menschen neu geprägt haben. Nach dem russischen Wirtschaftswissenschaftler Nikolai Dmitrijewitsch Kondratjew[2] (1892–1938) finden diese einschneidenden Innovationen alle 40 bis 60 Jahre statt, und sind mit einer Wellenbewegung vergleichbar. Man spricht hier auch von den Kondratieff-Zyklen.[3] Allein in den letzten 150 Jahren haben sich fünf solcher Basisinnovationen ereignet, die tief in das Leben der Menschen eingegriffen haben:

- 1800 bis 1850: die Dampfmaschine
- 1850 bis 1900: die Eisenbahn
- 1900 bis 1950: die Elektrotechnik und Chemie
- 1950 bis 1990: das Auto
- seit 1990: die Informationstechnik

Kondratjew stellte die These auf, dass allein große Erfindungen bedeutende Wachstumsschübe in der Weltwirtschaft auslösen können, und nicht die Konjunkturzyklen, durch die jede Marktwirtschaft läuft.[4] Das bedeutete, dass es seiner Auffassung nach dann zu einer neuen Wirtschaftskrise kommt, wenn nach 40 bis 60 Jahren eine weitere Innovation ausbleibt. Für diese These musste er im kommunistischen Russland unter Stalin mit seinem Leben bezahlen. Denn aus seiner Sicht ist der Kapitalismus einem ständigen Auf und Ab ausgesetzt, was gleichzeitig bedeutet, dass er lernfähig ist – und nicht, wie damals die allgemeine Auffassung der Kommunisten, unabwendbar dem Untergang geweiht. Nach achtjähriger Haft wurde Kondratjew wegen seiner Ansichten hingerichtet. Der Ökonom und Politiker Joseph Alois Schumpeter[5] (1883–1950) hat Kondratjews Thesen wieder aufgegriffen und weiterentwickelt. Für ihn war der Gedanke einer Wellenbewegung der Innovationen der Anfangspunkt für seine Theorie der »schöpferischen Zerstörung«: Neues verdrängt alte Technologien und Ideen und ist somit der eigentliche Antreiber für Wachstum und Wohlstand.

Wenn Innovationen einer Wellenbewegung folgen, steht die nächste große Neuheit bald an.

Schaut man auf die oben angegebenen, datierten Kondratieff-Zyklen, befindet sich die Menschheit im Moment im dritten Jahrzehnt des »fünften Kondratieffs«. Aktuell müsste sich also das »sechste Kondratieff« bereits abzeichnen. Tatsächlich scheinen die Möglichkeiten der Informationstechnologie in unserer Gegenwart komplett ausgereizt sein: Nachrichten und andere Daten könnten kaum schneller und günstiger um die Welt gehen als heute. Welche Innovation kommt also als nächstes?

Das wollte auch der Wissenschaftler und ehemalige Gutachter des Bundesforschungsministeriums, Leo A. Nefiodow (geb. 1939), herausfinden. Er sammelte umfangreiche Daten und spielte die verschiedensten Szenarien durch, mit dem Ergebnis: »Der gesunde Mensch in einem umfassenden Sinne ist der sechste Kondratieff.«[6]

Nefiodow sieht den Bedarf der Gesellschaft im Streben nach seelischer und körperlicher Gesundheit – und dieser Bedarf wird seiner Auffassung nach immer größer, weil in diesem Bereich viele Bedürfnisse noch nicht befriedigt sind und hier aktuell die größten Potenziale stecken. Nach Nefiodows Recherchen war die Bereitschaft der Menschen, Geld für ihre Gesundheit auszugeben, nie zuvor so groß wie heute. Dabei geht es um Gesundheit im ganzheitlichen Sinne, also nicht nur um körperliche Gesundheit, sondern auch um seelische und spirituelle Gesundheit, die soziales Wohlbefinden, Moral, Tugenden und Werte mit einschließt. Menschen gehen heute nicht nur zum Arzt, sondern verstärkt auch zum Psychotherapeuten, wenn sie die Ursachen für ihre Probleme nicht mit Impfungen oder Pillen angehen können. Allerdings kommen laut Nefiodow auch Psychotherapeuten an ihre Grenzen, wenn sie von ihren Klienten mit Lebensfragen konfrontiert werden, in denen es beispielsweise um Tugenden und Werte geht. Denn hier greift auch die Ausbildung eines Psychotherapeuten zu kurz. Dieses Defizit kann nach Nefiodow nur durch einen Partner ausgeglichen werden, der theologischen bzw. spirituellen Background hat. In seinem Buch *Der sechste Kondratieff*[7] plädiert Nefiodow daher für eine stärkere Vernetzung zwischen Psychologen, Theologen und Philosophen.

Dass sich in diesem Bereich schon heute einiges tut, merkt man an Debatten, in denen es etwa darum geht, mehr Geld in Pflege von Kranken zu investieren, denn die Zahl der Pflegebedürftigen wird in den nächsten Jahren dramatisch steigen. Was heute »Gesundheitswesen« genannt wird, sieht Nefiodow als ein System, das auf Krankheit ausgerichtet ist und nichts mit Gesundheitsförderung zu tun hat. Seiner Meinung nach ist die Kompetenz in den Bereichen Vorsorge und Heilung nicht ausreichend entwickelt. Im Zentrum steht dagegen die Erforschung von Krankheiten und deren Bekämpfung, ein Bereich, in dem sich der Mensch inzwischen eine sehr hohe Kompetenz erarbeitet hat. Die Folge: Menschen leben zwar länger, werden aber immer früher krank. Beschwerden werden schnell chronisch, was eine fortwährende Medikamenteneinnahme erfordert. Eine spätere Pflege ist oft schon vorprogrammiert – und verursacht weitere Kosten. Es ist ein System entstanden, das ausschließlich auf Krankheit fokussiert ist. Selbst die vielen Gesundheitsreformen in den vergangenen Jahren konnten daran nichts ändern. In Zukunft wird es darum gehen, ein Gesundheitssystem zu entwickeln, das Kompetenzen beinhaltet, die Krankheiten immer weniger Raum zur Entstehung lassen. Dass die

Leistungserbringer – also die Krankenkassen und die Träger privater Versicherungen – daran gar kein Interesse haben, spüren die Versicherten am eigenen Leib. Viele Präventionsmaßnahmen werden nicht finanziell unterstützt, was begreiflicherweise auf viel Unverständnis bei den Kunden stößt. Ärzte sehen sich in einem auf Gesundheit fokussierten System benachteiligt, weil bei ihnen das Wartezimmer leer bliebe, würden sie plötzlich auf Prävention setzen.

> In einem System, das Krankheit statt Gesundheit unterstützt, legen Menschen ihren Fokus auf ihr persönliches Wohlergehen.

Im Gesundheitswesen haben sich bis heute viele Probleme akkumuliert, die schon jetzt zu einer Zwei- oder sogar Drei-Klassen-Medizin führen. Ärzte nehmen immer mehr Untersuchungen vor, die von den Kassen irgendwann einfach nicht mehr bezahlt werden können. Das bekommt fast jeder heute schon zu spüren, und die Entwicklung wird sich in Zukunft noch ausweiten. Menschen erkennen mehr und mehr, dass sie in einem System gefangen sind, das Krankheit und nicht Gesundheit unterstützt – und legen daher ihren eigenen Fokus auf ihr persönliches Wohlergehen, und das im privaten wie auch im beruflichen Kontext.

Gesundheit – im ganzheitlichen, allumfassenden Sinn – bekommt einen ganz anderen Wert als bisher. Dieses große Umdenken bekommen auch die Arbeitgeber zu spüren. Plötzlich ist nicht mehr ausschließlich die Höhe des Einkommens maßgeblich dafür, ob man einen Job annimmt, sondern eine neue Stelle oder Aufgabe wird auch daraufhin abgeklopft, ob sie zur eigenen Persönlichkeit passt, erfüllend ist und in Zukunft noch Spaß machen wird. Arbeitnehmer achten darauf, welche individuellen Vorteile sie aus der Zusammenarbeit mit dem neuen Arbeitgeber ziehen können, wie dieser beispielsweise mit den Themen Weiterbildung, Karriere und Familie umgeht und was er zur Gesundheitsförderung anbietet. Gerade beim Thema Gesundheit sind zumindest einige größere Unternehmen schon gut unterwegs. Sie betreiben unter der Bezeichnung »Betriebliches Gesundheitsmanagement« nicht nur Aufklärungsarbeit zu Themen wie Stress, Mobbing oder gesundheitsgerechte Arbeitsgestaltung, sondern führen auch Gruppenarbeiten, Workshops und Seminare durch, die gesundheitsbewusstes Verhalten und körperliche Fitness fördern und aktiv begleiten.

Einige Unternehmen haben bereits erkannt, wie wichtig gesunde und motivierte Mitarbeiter sind, und investieren in diesen Bereich. Wieder andere sind sich zwar darüber im Klaren, wie wichtig es ist, Kompetenzen im Unternehmen zu halten und deswegen gute Arbeitsbedingungen zu bieten, sie wissen aber nicht, wie sie hohe Krankenstände oder Kündigungen reduzieren sollen.

Hier bieten sich den Beratern der nächsten Generation große Möglichkeiten, auf diesen Zug aufzuspringen, der nun nach und nach ins Rollen kommt. Manche Berater schalten aktuell schon um, das heißt sie richten ihre bisher klassische Beratung dahingehend aus, die Unternehmen für diese Zusammenhänge zu sensibilisieren und sie anzuregen, sich mehr auf ihre Mitarbeiter zu konzentrieren.

Werteveränderung durch Generationswechsel

Ein ganz heißes Eisen, mit dem sich Unternehmen – und mit ihnen natürlich auch Berater – in Zukunft beschäftigen müssen, sind die Nachfolgeregelungen im Mittelstand – wenn also ein Unternehmen an die nächste Generation übergeht. Da hat einst ein junger Kerl mit einer tollen Idee ein Geschäft aufgebaut, viel Geld und noch mehr Zeit dort hineininvestiert, Mitarbeiter eingestellt, sich eine solide Marktposition geschaffen und das Ganze im Laufe der Zeit weiter ausgebaut. Die Jahre vergehen. Schon bald – sehr bald, zu bald – wird es an der Zeit sein, jemanden zu finden, der sein »Baby« weiterführt. Am besten so wie bisher. Schließlich ist es ja gut gelaufen – oder?

Interessantes dazu zeigt die Statistik: Das Institut für Mittelstandforschung (IfM) Bonn beschäftigt sich seit Anfang der 1990er-Jahre damit, die Entwicklung des Mittelstands zu beobachten, und führt regelmäßig Studien sowie Forschungsarbeiten zum Thema durch. Seit 1995 schließen diese Untersuchungen auch das Thema Unternehmensnachfolge mit ein. Das Forschungsinstitut ermittelt aus den jährlichen Zahlen all die Unternehmen, deren Inhaber sich aus persönlichen Gründen damit beschäftigen sollten, einen Nachfolger zu finden. Ob und wann es tatsächlich zu einer Übergabe kommt, wird in den Prognosen natürlich nicht berücksichtigt. Nach neusten Schätzungen[8] des IfM werden in Deutschland im Zeitraum von 2014 bis 2018 sage und schreibe ca. 135 000 Unternehmen zur Übergabe anstehen, sprich, ihre Inhaber wechseln, weil die Gründer oder aktuellen Chefs aus persönlichen Gründen ausscheiden. Das sind 36,2 Übergaben pro 1000 Unternehmen. Für rund 2 Millionen Mitarbeiter bedeutet das, sich auf einen neuen Wind einstellen zu müssen, der nach der Übergabe schon sehr bald zu spüren sein wird.

Die Inhaber möchten verständlicherweise selbst einen geeigneten Nachfolger festlegen. In 54 Prozent der Fälle klappt es sogar, dass eines der eigenen Kinder die Führung des Unternehmens übernimmt. Das ist die Idealsituation, wenn der Wunsch besteht, dass das Unternehmen in der Familie weitergeführt werden soll. Anders sieht es aus, wenn die eigenen Kinder andere Interessen haben und sich nicht mit dem Unternehmen der Eltern verbunden fühlen – oder wenn das Firmen- und Familienoberhaupt dem eigenen Sohn oder der eigenen Tochter diese Aufgabe nicht zutraut. Vielleicht gibt es jemanden im Unternehmen, der sowieso schon viele Aufgaben der Geschäftsführung übernimmt und in diese Position hineinwachsen kann – und das auch will. 17 Prozent der Unternehmen finden für sich diese Lösung. In den verbleibenden 29 Prozent der Fälle werden die Unternehmen an externe Interessenten übergeben.

Viele Unternehmen müssen sich in naher Zukunft mit der Unternehmensnachfolge befassen.

Bis zum Jahr 2020 wird laut IfM-Prognosen die Zahl der Unternehmensübergaben weiter steigen. Im Hinblick auf den demografischen Wandel stellt sich daher die Frage, wo denn die ganzen Nachfolger herkommen sollen, wenn jedes Jahr größere Teile der Bevölkerung bereits im Rentenalter sind. Werden Deutschland bald die potenziellen Nachfolger ausgehen?

Für die nächsten fünf bis sechs Jahre gibt es aber noch Entwarnung: Das Volkswirtschaftliche Institut für Mittelstand und Handel an der Universität Göttingen (IfMH) hat nämlich mit einem eigenen Schätzverfahren herausgefunden, dass auch 2020 noch genügend Nachfolger da sein werden, um vakante Geschäftsführerpositionen einzunehmen.

Doch die beeindruckende Anzahl an bevorstehenden Unternehmensübergaben zeigt auch ein immenses Potenzial auf, das Unternehmensberater für sich nutzen können: durch eine Spezialisierung auf das Thema Nachfolgeregelung. Selbstverständlich darf auch dabei nicht der umfassende Blick auf das große Ganze fehlen.

■ *Denn egal, wann in einem Unternehmen die Führung wechselt – es stehen auf jeden Fall gravierende Werteveränderungen an.*

Ein Geschäftsführerwechsel bedeutet eine komplett neue Art der Führung, egal ob der Nachfolger aus der Familie des Eigentümers stammt, bisher noch ein Mitarbeiter des Unternehmens war oder als Externer dazukommt. Der neue Geschäftsführer ist in jedem Fall eine ganz andere Persönlichkeit. Er wird ein völlig anderes, individuelles Werteverständnis haben. Verständlicherweise. Denn wahrscheinlich gehört er der viel zitierten Generation Y an, die unter ganz anderen Rahmenbedingungen groß geworden ist und für die andere Dinge Priorität haben. Angehörige dieser Generation haben eine ganz andere Vorstellung von Führung, binden soziale Medien mit ein oder bringen neue Ideen für andere Absatzmärkte mit. Die Herausforderung für einen Berater ist es nun, diese beiden Welten zusammenzubringen: auf der einen Seite das Unternehmen, das mitsamt seinen Mitarbeitern und anderen involvierten Parteien der neuen Führung skeptisch gegenübersteht – einschließlich des noch aktiven Geschäftsführers, der vielleicht nicht loslassen kann, noch nicht zum alten Eisen gehören will oder einfach Angst hat, der »Neue« könnte sein Lebenswerk ruinieren; auf der anderen Seite der potenzielle Nachfolger, der seine ganz eigenen Vorstellungen und Erwartungen hat und vor der Mammutaufgabe steht, den noch aktiven Chef davon zu überzeugen, dass er sowohl die Absicht als auch die Fähigkeit hat, dessen Firma mindestens genauso gut weiterzuführen wie dieser.

Ein Berater der nächsten Generation muss hier unbedingt eine Sensibilität für das Thema Werte mitbringen. Er muss sogar hochsensibel für das Werteverständnis der Menschen sein, mit denen er während der Übergabe zu tun hat. Jeder dieser Menschen handelt nach ganz eigenen Wertevorstellungen, und genau die muss ein Berater erkennen und verstehen. Außerdem muss er dazu in der Lage sein, das Verständnis für die Werte des einen beim anderen zu wecken und umgekehrt. Nur wenn zum Beispiel der Senior weiß, dass sein langjähriges Führungsverhalten nicht zur Persönlichkeit seines Nachfolgers passt, weil dieser ein völlig anderes Werteverständnis hat, kann er dessen ablehnende Haltung gegenüber dem bisherigen Führungsstil verstehen. Oder vice versa: Nur wenn der Nachfolger versteht, dass der »Alte« in der Phase der Übergabe weiterhin einen eigenen Verantwortungsbereich braucht, weil er ein Projekt, das ihm eine Herzensangelegenheit ist, noch selbst zu Ende führen möchte, wird er ihm das auch gewähren können. Der Berater wird während eines Generationswechsels zum Begleiter und zum Fels in der Brandung – und zwar nicht nur für die Führungsebene, sondern auch für die Unternehmerfamilie, die Mitarbeiter und Geschäftspartner.

> **Berater können bei einem Generationswechsel für alle Beteiligten der Fels in der Brandung sein.**

Das klingt nach einer großen Verantwortung – und in der Tat: Verantwortung muss ebenfalls unbedingt einer der Grundwerte sein, die ein Berater der nächsten Generation zu bieten hat.

Vom rationalen Problemlöser zum weisen Gandalf

Pure Analytik, nur Klartext sprechen, bewusst Lösungen vorschlagen, die sich klar von denen unterscheiden, die andere bringen – dieses Verhalten von Beratern wird schon sehr bald der Vergangenheit angehören. Denn Unternehmen werden es nicht länger stillschweigend hinnehmen, dass Berater in ihr Heiligtum einmarschieren, die Tür hinter sich verschließen und innerhalb von – statistisch im Durchschnitt – drei Monaten ihr Ergebnis präsentieren, dessen Gelingen dann noch in den Sternen steht.

Man kann den Beratern dieses Vorgehen kaum verübeln. Sie haben in ihrem Leben durch herausragende Leistungen irgendeiner Art geglänzt und wurden dann darauf gedrillt, hochqualifizierte Fachkräfte zu sein, immer motiviert durch die verlockende Aussicht, durch Geld und Statussymbole den Neid anderer zu wecken, aber auch immer unter dem Druck, besser sein zu müssen als die Beraterkollegen – sonst könnten sie schon bald zu denen gehören, die vor die Tür gesetzt werden. Wer hat also jetzt den Schwarzen Peter? Sind die Beraterunternehmen an der Situation schuld, weil sie sich ihre Leute nach eigenen Vorstellungen zurechtschnitzen, bis von deren eigentlicher Identität überhaupt nichts mehr übrig geblieben ist? Oder haben es die Berater selbst verbockt, weil sie sich mit den bekannten Methoden haben fangen lassen? Wussten sie denn nicht, dass damit meist ein Stück ihrer ureigenen Identität auf der Strecke bleibt? Dass sie sich haben blenden lassen von Ruhm und Ansehen der ganz Großen dieser Branche? Ist es ihre Schuld, dass sie sich geschmeichelt fühlten, als sie in den auserlesenen Kreis der Youngster aufgenommen wurden?

Wer sich von Exklusivität, Image und Geld anziehen lässt, ist eine leichte Beute für die großen Unternehmensberatungen. Noch ziehen astronomische Vergütungen, exklusive Luxusreisen oder schicke Flitzer einige junge Leute an. Noch wird überhebliches, selbstsicheres Auftreten von Beratern in Unternehmerkreisen als Bestätigung für exzellente Beraterqualität gewertet. Noch schaffen es besonders begabte Youngster in Rekordzeit bis an die Spitze, und ziehen sich dann von dieser Position aus wieder ihre eigenen Handlanger heran. Doch schon bald wird dieses Tableau verschwinden. Das altbekannte Motto »schneller, höher, weiter« wird nur noch bis zu einem bestimmten Punkt funktionieren, nämlich bis das Höchstmögliche ausgereizt ist. Unternehmen werden nur noch bis zu einem bestimmten Grad akzeptieren, dass ihr Schicksal von wenigen Köpfen und von deren Entscheidungen allein abhängen soll. Sie werden nicht länger damit zufrieden sein, dass sie eine Handlungsempfehlung ohne Umsetzungsbegleitung in die Hand gedrückt bekommen und dass ihnen danach postwendend eine saftige Rechnung auf den Schreibtisch flattert.

Die nächste Generation Berater muss aus ihrer Leistung, die aktuell noch verbreitet als »Projekt Problem« betrachtet wird, ein »Projekt Kunde« machen. Das bedeutet, dass ein Berater das Projekt, zu dem er geholt wird, nicht mehr mit dem Fokus auf das Problem (oder in Beratersprech: die Herausforderung) betrachten darf, sondern dass er den Kunden in seiner Gesamtheit ins Visier nehmen muss.

Das ist wieder eine Frage der inneren Haltung. Ist ein Berater bereit, sich auf den Kundenlevel zu begeben? Ist er bereit dazu, seine analytische Denke zu öffnen und den Blick auf das große Ganze auszuweiten? Ist er bereit, Verständnis für die Menschen innerhalb des Unternehmens, für ihre Sorgen und Ängste, zu entwickeln, um ihre Fähigkeiten und Kompetenzen herauszuarbeiten und entsprechend richtig einzusetzen? Ist er bereit dazu, nicht nur die Abteilungsebene, sondern auch die Beziehungsebene zu analysieren? Und jetzt kommt die wichtigste Frage: Ist ein Berater überhaupt dazu fähig?

Was haben nun Gandalf der Weiße (bzw. Weise) – eine der Hauptfiguren in Tolkiens Trilogie *Herr der Ringe*, die das Gute unterstützt und das Böse bekämpft – und ein Berater gemeinsam? Heute noch nicht viel. Aber ein Blick auf Gandalf lohnt sich, denn obwohl der mächtige Zauberer nur eine fiktive Figur ist, verkörpert er exakt das Ideal eines Beraters. Dies sind seine Eigenschaften:

- Allwissend.
- Guter Zuhörer und Gefährte.
- Nimmt seine Umgebung ganzheitlich wahr.
- Wird immer dann um Rat gefragt, wenn niemand mehr weiter weiß.
- Prahlt nicht mit seinen Künsten.
- Kann zaubern, wenn es darauf ankommt.

Zauberkünste können natürlich nur in Büchern und Filmen ihre Wirkung entfalten – und doch muss ein Berater der nächsten Generation auch ein wenig »zaubern« können, zumindest im übertragenen Sinne. Er muss über die besondere Gabe des Levels Türkis verfügen, sich auf eine Stufe mit seinem Gesprächspartner zu begeben und sich in ihn hineinzuversetzen. Er darf sich nicht durch Einschränkungen, Zwänge, Regeln oder Glaubenslehren behindern lassen.

Ein Berater der nächsten Generation muss sich also auf eine Werteebene begeben, die ihm zuvor fremd war, an die er bisher noch nicht herangereicht hat. Jetzt hat ein Berater von heute drei Möglichkeiten:

1. Er will und kann sich so weiterentwickeln, dass er mindestens den gelben Level der Werteebenen erreicht.
2. Er kann so weitermachen wie bisher und wird bald nicht mehr gefragt sein.
3. Er erkennt für sich, dass er die Voraussetzungen für einen Berater der nächsten Generation nicht erfüllt und wechselt den Job.

Wer meint, sich irgendwo dazwischen bewegen zu können, wird schon sehr bald merken, dass diese Strategie nicht von Erfolg gekrönt sein wird.

Es gibt immer noch Unternehmen, die massive Probleme haben, sich daraufhin Beraterleistungen holen und dann hoffen, dass der Externe seine Zauberkünste einsetzt. Doch das kann nicht funktionieren, wenn der Berater das aus vielen Einzelteilen bestehende große Ganze nicht als solches erkennen und dann zusammenfügen kann.

Das KOHORTEN-Institut in Wiesbaden, ein Spezialist für Sozial- und Wirtschaftsforschung, hat im Sommer 2006 in Zusammenarbeit mit dem Zentrum für Insolvenz und Sanierung an der Universität Mannheim (ZIS) 125 Insolvenzverwalter zu den Ursachen von Unternehmensinsolvenzen befragt.[9] Die ausgesuchten Insolvenzverwalter waren alle im Bereich der Unternehmensinsolvenzen spezialisiert. Mehr als die Hälfte der Befragten arbeitete ausschließlich als Insolvenzverwalter. Fast zwei Drittel arbeiteten seit mindestens acht Jahren in diesem Beruf, und 81 Prozent verantworteten 50 bis 500 eröffnete Verfahren, vier Prozent sogar mehr als 500 laufende Verfahren. Insgesamt gesehen arbeiteten alle Befragten zum Zeitpunkt der Befragung zusammen an rund 19 000 Unternehmensinsolvenzen, von denen sich einige gleich über mehrere Jahre erstreckten. Die Antworten auf folgende Frage waren sehr interessant:

■ *»Bitte beschreiben Sie einen einigermaßen typischen, aktuellen Insolvenzfall, für den Sie verantwortlich sind – natürlich ohne Namensnennung. Was ist an diesem Fall typisch?«*[10]

43 Prozent gaben an: Es liegt eine verspätete Antragstellung vor (das Unternehmen hat viel zu lange versucht, die Situation selbst wieder hinzubiegen – aus Scham oder aus Angst).

38 Prozent gaben an: Es gab Managementfehler (Zerwürfnisse in der Geschäftsführung, zu hohe Privatentnahmen oder massive Betriebsblindheit im Sinne eines »Es geht schon irgendwie weiter«).

Mit 37 Prozent kommen fehlende Liquidität und hohe Verbindlichkeiten und mit nur noch 15 Prozent eine starke Marktabhängigkeit durch kurzlebige Produkte und eine schwierige Auftragslage dazu. Die anderen Angaben fallen prozentual noch geringer aus. Dass Firmeninhaber einen Insolvenzantrag oft zu lange hinauszögern, liegt sicherlich mit daran, dass sie die Situation einfach nicht wahrhaben wollen. Bis auf den letzten Drücker versuchen sie noch, das Ganze irgendwie zu retten. Aber wenn die Antragstellung zu spät erfolgt, dann ist nichts mehr zu retten.

Erschreckend oft sind es Managementfehler, die Unternehmen in die Insolvenz führen.

Dass Managementfehler schon an zweiter Stelle stehen, gibt einem ein enorm ungutes Gefühl. Natürlich sind auch Manager nicht unfehlbar, aber wenn man sich extra externe Berater ins Haus holt, um genau das auszugleichen, sollten diese zumindest in der Lage sein, ihren Mandanten erfolgreich auf seinem Weg durch die Turbulenzen zu begleiten. Doch je größer ein Unternehmen, desto mehr Berater kommen meist zum Einsatz – und desto schwieriger wird es, einen Konsens zwischen allen involvierten Parteien zu schaffen. Sind Berater mit eingebunden, werden Managementfehler häufig auch zu deren Fehlern.

■ *Ein Beispiel für Managementfehler als Ursache für eine Insolvenz findet sich ebenfalls in dieser Studie: Ein klassisches Unternehmen aus dem Mittelstand, das seit über 50 Jahren auf dem Markt war, beschäftigte über 350 Mitarbeiter und fuhr einen Umsatz von 30 Millionen Euro ein. Die Kunden kamen aus der Bauindustrie. Im Laufe der Jahre passierten typische Managementfehler: Produkte wurden falsch disponiert, Veränderungen auf dem Markt nicht ausreichend berücksichtigt und strategische Schritte nicht reflektiert. Alles in allem war das Unternehmen ausschließlich auf den deutschen Markt fokussiert, hatte eine breite Produktpalette à la Bauchladenprinzip – und die meisten dieser Produkte waren auch noch customized. Entsprechend hoch waren die Kosten.*

Dazu kamen rund 60 Niederlassungen, die ins Minus wirtschafteten und deren Umsatz noch nicht einmal das Gehalt des Niederlassungsleiters hätte abdecken können. Mit einem schlechten Buchungssystem fielen solche Desaster auch gar nicht auf – ein entsprechendes Controlling fehlte also komplett.

Zusätzlich kontraproduktiv war die Tatsache, dass der Geschäftsführer »entscheidungsschwach« war und viele Berater hinzuzog, von denen er tatsächlich auch gute Lösungen für individuelle Probleme – pardon »Herausforderungen« – bekam. Das Ganze funktionierte aber nicht, weil sich niemand der Gesamtproblematik annahm und das ganze Unternehmen mit all seinen »Baustellen« betreute.

Die Geschäftsführung versuchte daraufhin, einen Verlust von sechs Millionen Euro aus dem vorhergehenden Jahr mit der Suche nach einem Investor aufzufangen, doch dieser Versuch misslang. Die Dezembergehälter konnten nicht mehr gezahlt werden, und der Insolvenzantrag im Monat darauf war eine bittere Pille für alle Beteiligten. Da der Antrag erst Mitte Januar gestellt wurde, reichte das Insolvenzgeld sehr knapp gerade noch für weitere sechs Wochen. In dieser Zeit gelang es dem Insolvenzverwalter aber tatsächlich, das Unternehmen neu zu organisieren. Werbeausgaben wurden gekürzt, unrentable Niederlassungen geschlossen und 150 Mitarbeiter entlassen. Ein extremer Auftragsrückgang führte jedoch dazu, dass der Insolvenzverwalter offiziell verkündete, das Unternehmen fünf Monate nach Stellung des Antrags schließen zu müssen. Es kam aber doch noch anders: In einer Nacht- und Nebelaktion wurde die Firma doch noch verkauft. Allerdings mussten weitere rund 50 Mitarbeiter gehen, doch die 200 restlichen konnten ihren Arbeitsplatz behalten.[11]

Die engagierten Berater hätten in diesem Fall eine für alle Betroffenen deutlich bessere Lösung finden können, wenn sie sich mit dem Unternehmen als Ganzes auseinandergesetzt hätten. Eine Möglichkeit wäre gewesen, sich alle Baustellen anzusehen und zugleich die Gesamtproblematik zu betrachten. Mit diesem Wissen hätte man dann einzelne Veränderungsprozesse planen, steuern und begleiten können – alles unter zentraler Leitung, wohlgemerkt.

Aus unserer Sicht gibt es genau drei Ursachen für das Scheitern von Unternehmensberatern:

1. Sie gehen nicht ganzheitlich ran,
2. sie sind nicht individuell auf den Kunden ausgerichtet oder
3. sie haben sich selbst nicht an den Kunden angepasst und schaffen ihren »internen Change« nicht.

> **Jedes Unternehmen ist ein individuelles, lebendes System, an das sich ein Berater anpassen muss.**

Ursache eins – das Fehlen von Ganzheitlichkeit – haben wir bereits umfangreich beschrieben. Ursache zwei – das Fehlen der individuellen Ausrichtung auf den Kunden – betrifft eine Anforderung, die die meisten Berater gar nicht mögen. Sie setzen sich gerne intensiv mit den Zahlen der vergangenen Monate und Jahre auseinander und arbeiten dann gerne Lösungen auf der Basis vorbereiteter Konzepte aus, aber sie versuchen nicht, den Kunden in seiner Welt zu verstehen und entsprechend zu handeln. Möglich wäre das auch nur, wenn sie dazu in der Lage und auch willens wären, einen »internen Change« bei sich selbst umzusetzen – dessen Ausbleiben die dritte Ursache für ihr Scheitern darstellt. Leider lieben es Berater, bereits bewährte Konzepte mehrfach zu verwenden (bei der Präsentation darf man dann nur nicht vergessen, das Firmenlogo auszutauschen). Schließlich bringt das sehr viel Geld für sehr wenig Arbeit. Für diese Berater ist ein neuer Kunde meist nur ein weiterer Auftrag, der sich vom Ablauf her nicht grundlegend vom vorhergehenden unterscheidet. Doch in Wirklichkeit ist jedes Unternehmen ein individuelles, lebendes System, das seine ganz eigenen Strukturen und Prozesse hat. Wenn man dieser Tatsache gerecht werden will, kommt man nicht umhin, sich an den Kunden anzupassen, indem man sich auf seine Werteebene begibt. Denn was nicht zusammenpasst, kann nicht zusammenkommen! Das bedeutet auch für einen Berater, den Mut zu haben, neue Wege zu gehen.

Unterm Strich stehen eben deshalb massive Veränderungen in der Beraterbranche an – Veränderungen des eigenen Werteverständnisses. Der Kunde will eine andere Form der Beratung. Er will eine Begleitung über den gesamten Zeitraum der Veränderung in seinem Haus. Er möchte jemanden an seiner Seite, der ihn versteht, sein Geschäft versteht, seine Mitarbeiter versteht, die Zusammenhänge versteht und ihm zuhört. Er möchte jemanden, der auch in unerwarteten Situationen einen klaren Kopf behält und die Fahrtrichtung ändern kann, wenn es nötig ist. Er möchte Empathie und Nahbarkeit. Er möchte einen Gefährten, der an seiner Seite steht, wenn es einmal hart auf hart kommt. All diese Erwartungen setzen voraus, dass sich das Werteverständnis von Beratern grundlegend ändert. Klar ist auch, dass das kein leichter Weg sein wird, und schon gar keiner, der sich von heute auf morgen umsetzen lässt. Aber: Es ist möglich. Dabei muss jeder bei sich selbst anfangen.

Im Laufe der Jahre haben immer wieder gravierende Werteverschiebungen stattgefunden. Schaut man sich zum Beispiel Talkrunden aus den 1970er-Jahren an, sitzen dort Helmut Kohl oder Klaus Kinski kettenrauchend zwischen vielen anderen Rauchern – das ist heute absolut nicht mehr vorstellbar. Auch gehörte es noch vor gar nicht allzu langer Zeit in gewissen Kreisen zum guten Ton, Geld am deutschen Fiskus vorbei in die Schweiz zu schaffen.

> **Gravierende Werteverschiebungen finden immer wieder und in allen Bereichen statt.**

Heute sind Selbstanzeigen an der Tagesordnung, und die Strafen für diese Vergehen sind saftig. Als am 22. Februar 1879 in den USA Woolworth eröffnete, das als erstes Billigkaufhaus der Welt alle Artikel zum Einheitspreis von einem Nickel (5 Cent) verkaufte, dachte noch niemand an die Folgen dieses Booms, der in der zweiten Hälfte des 20. Jahrhunderts zu einer regelrechten Explosion dieser Märkte auf der gesamten Welt führte und wohlgelitten war. Heute stehen diese

1-Euro-Läden wegen der Ausbeutung der Arbeiter und des Einsatzes von Kinderarbeit in Indien, China oder Taiwan am Pranger.

Die Mitarbeiter vieler Beratungsunternehmen gehen heute (noch) über Leichen, um die Erwartungen ihrer Brötchengeber zu erfüllen. Werte werden unter den Tisch gekehrt oder morgens an der Eingangstür zum Job abgegeben und nach Feierabend wieder abgeholt. Doch wie lange wird das noch gut gehen? Die Uhr tickt ...

Fenster auf: Das sagt die Zukunft

Es liegt in der Natur des Menschen, dass er herausfinden will, was die Zukunft bringen wird. Schon seit Anbeginn der Menschheit orientiert man sich dazu an Regelmäßigkeiten. Zum Beispiel ließ das Verhalten der Tiere darauf schließen, ob ein Unwetter aufzog, eine Naturkatastrophe bevorstand oder der Winter in einem Jahr besonders früh und hart eintreffen würde. Der Mensch orientierte sich am Instinktverhalten der Tiere und reagierte entsprechend. Kündigte beispielsweise das frühzeitige Abwandern spezieller Tiere aus der Umgebung den bald einbrechenden Winter an, trafen die Menschen daraufhin besondere Vorkehrungen, um sich und ihre Familien auf die Wetteränderung vorzubereiten. Je mehr sich der Mensch in der Evolution weiterentwickelte, desto mehr Möglichkeiten eröffneten sich für ihn, aus denen er wählen konnte: Statt wie früher Gefahr zu laufen, sich zu früh und ohne ausreichende Vorräte in die Höhle zurückziehen, haben die Wintermuffel von heute die Möglichkeit, sich ein neues Zuhause zu suchen – und zwar in einer Gegend, die weniger lange Winter hat. Der Mensch gewinnt also immer mehr an Handlungsspielraum.

Damit allerdings verstärkte sich im Laufe der Evolution auch der Wunsch des Menschen, Dinge vorherzusehen, auf die er keinen direkten Einfluss hat. Eine ganz berühmte »Errungenschaft« war dabei das Orakel von Delphi, das die Griechen immer dann befragten, wenn wichtige Entscheidungen zu treffen waren. Andere Kulturen hatten ihre Schamanen, die durch unterschiedliche Rituale die Zukunft zu lesen versuchten. Ihre Vorhersagen waren meist

Schon lange versuchen Menschen, die Zukunft vorherzusagen.

mindestens zweideutig. Erfüllte sich eine Vorhersage nicht, hatte man sie offensichtlich falsch ausgelegt. Hatte es sich dagegen tatsächlich so ergeben, war das halt ein Volltreffer.

Das vermutlich erste Buch, das sich explizit mit dem Thema Zukunft beschäftigte – *Utopia* von Sir Thomas More –, stammt aus dem Jahr 1516. Viele weitere folgten. Heute, im Zeitalter der Bits und Bytes, gibt es außerdem unzählige Analysemethoden, um absehbare Ereignisse der nächsten Jahre möglichst genau vorherzusagen.

Megatrends und ihr Einfluss auf den Berater der nächsten Generation

Menschen, Unternehmen und Nationen gestalten die Welt – und somit auch die Zukunft. Heute huldigen wir weniger dem Schamanismus, sondern vertrauen auf Wissenschaftler, die sich auf Vergangenes und Gegenwärtiges beziehen, eine riesige Datenvielfalt analysieren und daraus mögliche Entwicklungen in verschiedenen Bereichen herleiten. So erblickten auch die sogenannten »Megatrends« das Licht der Welt. »Megatrend« ist ein Begriff, der im Jahr 1982 vom US-amerikanischen Trendforscher und Autor John Naisbitt geprägt wurde und solche Trends beschreibt, die das gesamte gesellschaftliche Weltbild und die Werte und das Denken der Menschen beeinflussen. Welche Auswirkungen Megatrends nach Meinung des Trendforschers auf die verschiedenen Lebensbereiche haben, hat Naisbitt in seinem ersten Buch *Megatrends*[1] zusammengefasst und damit eine Welle an hitzigen Debatten und großem Interesse ausgelöst. Nach der Veröffentlichung des Buches war Naisbitt ein gefragter Mann und auf internationalen Bühnen als Vortragsredner zu Hause.

Es ist keineswegs so, das jeder Hype gleich als Megatrend eingestuft wird, nur weil er vielleicht blitzschnell den Großteil der Bevölkerung ergreift. Ein Trend wird dann zu einem Megatrend, wenn er besondere Kriterien erfüllt:

- Er muss eine Halbwertszeit von 50 Jahren haben.
- Er muss in allen Lebensbereichen eine Rolle spielen.
- Er muss sich weltweit in sämtlichen Gesellschaften beobachten lassen (allerdings muss er nicht überall gleich stark ausgeprägt sein).
- Er muss mit seinem »Wesen« Gesellschaft, Wirtschaft und die ganze menschliche Kultur durchdringen.[2]

Verändert ein Megatrend die Werte oder führt umgekehrt ein Wertewandel dazu, dass ein Megatrend entsteht? Diese Frage stellt sich mit Recht und wird immer noch von Trendforschern diskutiert. Fakt ist: Ein Megatrend kann so mächtig sein, dass er Angebot und Nachfrage nach einem Produkts oder einer Dienstleistung grundlegend beeinflusst. Das wiederum kann einen extremen Einfluss auf die Dienstleistung eines Beraters ausüben.

Aus den elf Megatrends, mit denen sich die Zukunftsinstitut GmbH[3] seit mittlerweile über 15 Jahren beschäftigt, sind die folgenden für Berater besonders interessant:

- Individualisierung,
- Silver Society,
- Neues Lernen,
- New Work,
- Konnektivität und
- Globalisierung.

Die wichtigen Fragen hierzu lauten: Was tut sich in diesen Bereichen und warum sollten Berater wissen, wie sich diese Trends entwickeln werden?

Individualisierung

Der Mensch ist bereits mitten drin in der Individualisierung. Von der Stange ist längst passé. Dabei kann man darüber streiten, wo dieser Megatrend seine Anfänge genommen hat. Individualität bedeutet, selbst Dinge entscheiden zu können und diese Entscheidungen dann zu leben: Welchen beruflichen Weg man einschlägt, ob und wann man eine Familie gründen möchte (oder ob man sich eventuell offen zur Homosexualität bekennt), wo und wie man wohnen möchte, welche Hobbys man pflegt, wie sich der Freundeskreis gestaltet – und so weiter. War man zum Beispiel bis in die 1970er-Jahre hinein familiär noch häufig in klar definierte Strukturen eingebunden – es wurde möglichst früh geheiratet, Männer waren die Versorger ihrer Familien, Frauen für die Erziehung der Kinder und das Zuhause verantwortlich –, sind heute die Grenzen sehr viel fließender. Menschen wollen heute lieber stärker in einem von ihnen gewählten Beruf Fuß fassen, eventuell noch Auslandsaufenthalte an Lehr- oder Studienzeit dranhängen oder Erfahrungen in anderen Projekten sammeln, bevor sie sich familiär und örtlich binden. Zumindest für eine Weile. Es ist ihnen heute und morgen wichtiger denn je, das eigene Leben nach den persönlichen Wünschen gestalten zu können.

> **Individualtät bedeutet, selbst zu entscheiden und diese Entscheidungen zu leben.**

Individualisierung drückt sich aber nicht nur in der Lebensgestaltung aus. Auch materielle Dinge oder die Wege der sozialen Kontaktaufnahme und -pflege werden schon seit einigen Jahren verstärkt individualisiert. So kann man sich zum Beispiel die Standardausführung seines Neuwagens nach seinen eigenen Wünschen aufpeppen und sich so den ganz persönlichen Kick gönnen, etwas zu besitzen, das sonst niemand in dieser Form hat. Das Design seiner Sportschuhe kann man sich bis hin zur Farbe der Ösen selbst kreieren und etwa sechs Wochen später mit ihnen für großes Aufsehen sorgen. Smartphones sind direkt nach dem Kauf nichts Besonderes, doch sobald die erste App heruntergeladen oder ein persönliches Hintergrundbild installiert wird, beginnt die Individualisierung. Auch beim Surfen im Internet und dem Durchstöbern von Onlineshops hinterlässt jeder Mensch seinen virtuellen Fingerabdruck und bekommt das spätestens dann zu spüren, wenn er noch andere Produkte vorgestellt bekommt, die ihn »ebenfalls interessieren könnten«. Facebook und Co. bieten als Plattform der Selbstdarstellung die Möglichkeit, Freunde und Bekannte an seinem Leben teilhaben zu lassen und direktes Feedback zu bekommen – und zu geben.

Was bedeutet das für Berater?

Unternehmen gehen immer stärker mit dem Trend der Individualisierung mit. Sie werden in Zukunft ihren Kunden noch mehr Produkte und Dienstleistungen anbieten, die exakt auf deren individuelle und stetig weiter wachsende Wünsche zugeschnitten sind. Sie werden sich immer intensiver mit dem Kunden beschäftigen und näher an ihm dran sein, als es vorher je der Fall war. Zusätzliche Dienstleistungen, die den Kunden überraschen und verblüffen, werden immer stärker eingesetzt werden. Das bedeutet für Unternehmen wiederum, ständig mit neuen Herausforderungen konfrontiert zu werden. Immer wieder tauchen neue Fragen auf, zu denen die Antworten immer schwieriger und aufwändiger zu finden sein werden.

Besonders mittelständische Unternehmen, die sich bisher erfolgreich selbst geholfen haben, statt sich einen Berater ins Haus zu holen, der nach ihrer Auffassung ihr Geschäft nicht kennt, werden in den nächsten Jahren feststellen, dass ihre internen Köpfe nicht mehr ausreichen, um diese neuartigen Herausforderungen zu meistern. »Der Mittelstand scheint die letzte Bastion zu sein, die noch nicht von den Truppen der Helfer in Nadelstreifen erobert worden ist«[4], folgert der Trendexperte Axel Gloger, der sich seit den 1980er-Jahren mit Zukunftsfragen beschäftigt, mit denen sich Unternehmen auseinandersetzen müssen. Mittelständische Unternehmen werden sich für das Thema Consulting öffnen. Allerdings werden sie auch ganz genaue Vorstellungen von einer Zusammenarbeit mit einem Berater haben und ihn sehr genau unter die Lupe nehmen, bevor er den Zuschlag bekommt. Sie werden exakt prüfen, welcher Berater nicht nur das optimale Fachwissen für ihr Projekt mitbringt, sondern auch als Mensch und vom Werteverständnis her zu ihnen passt.

Und an dieser Stelle kommt das Thema Nahbarkeit wieder ins Spiel: Neben dem Expertenwissen, das eine Selbstverständlichkeit sein sollte, muss die Chemie zwischen Auftraggeber und Berater stimmen. Das erreicht man als Berater nur mit Soft Skills wie Nahbarkeit, Empathie, Einfühlungsvermögen und Verständnis für die Situation des Unternehmens und der Menschen darin. Besonders inhabergeführte Unternehmen, bei denen Soft Skills einen weitaus höheren Stellenwert haben, als das in Großkonzernen der Fall ist, legen viel Wert auf Passung. Das Unternehmen, das sie einst selbst erfolgreich auf die Beine gestellt haben, ist ein Teil von ihnen. Treibt jemand Schindluder mit ihrer Firma, empfinden sie das als persönlichen Angriff.

> ■ *Akzeptanz, Vertrauen, Sympathie und Kompetenz sind bereits aktuell wichtig und werden in Zukunft eine noch wichtigere Rolle spielen.*

Silver Society

In diesem Wort versteckt sich das Thema des demografischen Wandels: Die Weltbevölkerung wird immer älter. In den 50 Jahren zwischen 2000 und 2050 wird die Bevölkerung auf der Erde von rund sechs Milliarden auf etwa 9,3 Milliarden anwachsen.[5] Der demografische Wandel wird nicht nur unsere Lebens-, sondern auch unsere Arbeitsweise verändern.

Der demografische Wandel wird nicht nur unsere Lebens-, sondern auch unsere Arbeitsweise verändern.

Für Unternehmen bedeutet das: Der Anteil der älteren Beschäftigten wird immer höher werden, die Anzahl junger Nachwuchskräfte dagegen sinkt. Es wird für Unternehmen immer schwieriger werden, konkurrenzfähig zu bleiben, wenn der Nachschub an frischem Know-how fehlt. Die wenigen Nachwuchskräfte auf dem Markt werden kräftig umworben werden. Arbeitgeber müssen sich als besonders attraktive Brötchengeber für neue Fachkräfte aufstellen und daher genau wissen, worauf es der neuen Generation besonders ankommt. Begriffe wie Work-Life-Balance, Weiterbildung, Gesundheit (physisch und psychisch) und Familienfreundlichkeit werden stärker in den Fokus rücken.

Besonders kleine und mittelständische Unternehmen werden es hier schwerer haben als große, weil sie sich nicht allein über ihren Namen so profilieren können, dass sie als Garant für sichere Beschäftigung oder attraktive zusätzliche Leistungen gelten.

Auf der anderen Seite werden Unternehmen sich auch verstärkt Maßnahmen überlegen müssen, um die Leistungsfähigkeit der älteren Mitarbeiter weiterhin aufrechtzuerhalten. Je nach Anspruch können physische und psychische Belastungen bereits ihre Spuren hinterlassen haben. Wenn nun auch noch das Rentenalter heraufgesetzt wird, wird das Thema »Gesundheit am Arbeitsplatz« einen noch höheren Stellenwert bekommen.

Was bedeutet das für Berater?

Mitarbeiterbindung und Recruiting werden die Themen der Zukunft sein, bei denen Berater ihren Unternehmenskunden tatkräftig zur Seite stehen können. Als Spezialisten und Gestalter für den demografischen Wandel in Unternehmen können Berater der nächsten Generation eine Lücke füllen, die noch lange sehr groß bleiben wird. Denn: In der Öffentlichkeit ist das Thema längst bekannt – erschreckend gering sind demgegenüber aber die Aktivitäten, die bisher in Unternehmen angeschoben werden.

Die meisten Unternehmen können den komplexen Prozess des demografischen Wandels mit seinen Auswirkungen auf die einzelnen Bereiche nur schwer fassen. Es gibt mittlerweile genug Initiativen und Projekte, die das Thema in die Unternehmen hineintragen. Allerdings ist das Angebot an Handlungsmöglichkeiten sehr unübersichtlich, und sie widersprechen sich sogar zum Teil. Ein Beispiel dafür ist die Herausforderung, für ältere Mitarbeiter Maßnahmen zu entwickeln, damit sie produktiv in Beschäftigung bleiben können und nicht als reiner Kostenfaktor gesehen werden. Demgegenüber steht, dass durchweg die Notwendigkeit gepredigt wird, mehr junge Leute in die Firma holen zu müssen, um im Markt bestehen zu können.

■ *Wer sich als Berater auf diesem Gebiet spezialisiert und seine Kunden so lange durch den Prozess begleitet, bis diese ihre eigene Richtung im Umgang mit dem Thema gefunden haben, kann darauf bauen, in Zukunft sehr gefragt zu sein.*

Neues Lernen

Noch heute gibt es sie in manchen Kulturen dieser Welt: die Weisen, die auf jede Frage eine Antwort haben. Im späten Mittelalter hießen diese Menschen Universalgelehrte und wurden dafür geschätzt, dass sie viel oder sogar fast alles wussten – so dachte man zumindest. Heute ist jedem einigermaßen belesenen oder in den Wissenschaften bewanderten Menschen klar, dass es so etwas wie Allwissenheit gar nicht geben kann. Dafür gibt es heute schlichtweg viel zu viel Wissen.

Wissen ist heutzutage schnell Schnee von gestern.

Dazu kommt, dass Wissen heutzutage sehr schnell schon wieder Schnee von gestern ist. Einst teuer angeschaffte Lexikotheken sind heute nur noch nice to have und vielleicht recht hübsch anzuschauen, wenn man eine große Bücherwand besitzt. Was man heute an Informationen sucht, besorgt man sich interaktiv im World Wide Web – es wird gegoogelt. Dabei holt man sich nicht nur Fachwissen zu einem Thema, sondern kann darüber auch gleich in Foren, Blogs etc. mitdiskutieren.

Setzt man die Produktion von Gütern und die Produktion von Wissen nebeneinander, stellt man fest, dass die Produktion von Gütern mehr und mehr zur Routine wird. »Wissensarbeit« überlagert mittlerweile die Produktionsarbeit und wird demnach immer wichtiger.[6] Schaut man sich die Entwicklung in Deutschland in den Bereichen Landwirtschaft und Industrie genauer an – also überall dort, wo Menschen Güter produzieren – ist ein klarer Trend zu erkennen: In der Landwirtschaft sind von 2000 bis 2010 die Mitarbeiterzahlen um knapp ein Drittel zurückgegangen. Nimmt man den gleichen Zeitraum für die Industrie unter die Lupe, waren es im Jahr 2000 zwölf Millionen Angestellte, und diese Zahl hat sich bis 2010 auf elf Millionen reduziert. Die Anzahl der Arbeiter in den Wissensbranchen dagegen ist in demselben Zeitraum von rund 24 Millionen auf 28 Millionen gestiegen.[7]

Was bedeutet das für den Berater?

Transferiert man das Konzept des mittelalterlichen Universalgelehrten in die heutige Zeit, kann sich ein typischer Berater der nächsten Generation darin wiederfinden: Er ist keiner, der nur durch Fachwissen und Spezialistentum glänzt und auf alle Fragen eine Antwort hat, sondern jemand, der die Bedeutung von Dingen erkennt und weiß, wie die Fluten von Informationen miteinander in Verbindung stehen. Damit eng verbunden ist die Kreativität: Tauchen unerwartete Probleme auf, verschieben sich Zusammenhänge, kommen neue Informationen hinzu – dann kommt es auf die Kreativität des Beraters an, der kompetent damit umgehen sollte, um eine Lösung zu finden.

Aber nicht nur die eigene Kreativität eines Beraters wird gefordert sein, sondern auch dessen Fähigkeiten, Kreativität an seine Kunden weiterzuvermitteln. Dabei ist wieder viel Menschenkenntnis und Einfühlungsvermögen gefragt, denn wer sich von der »Unternehmens-Beratungs-Ebene« auf die »Mensch-Beratungs-Ebene« begibt, braucht nicht nur Soft Skills, sondern auch wahre innere Begeisterung für das, was er tut. Denn nur so kann der Berater die Menschen auch erreichen und mitnehmen. Hinter dieser Kompetenz steckt das Prinzip der *intrinsischen Motivation*. Demnach kann man nur dann wirklich lernen, wenn man tatsächlich innerlich davon begeistert ist. Stures Auswendiglernen ist nicht mehr zeitgemäß und wird mehr und mehr in den Hintergrund treten und schließlich verschwinden. Auch in Kindergärten und Schulen wird schon verbreitet aufs Neugierig-Machen und das Lernen aus Begeisterung gesetzt.

■ *Selbst von Wissen und Lernen begeistert zu sein und andere dafür zu begeistern, wird eine der nicht mehr wegzudenkenden Fähigkeiten sein, die ein Berater der nächsten Generation mitbringen muss.*

New Work

Von der Ausbildung bis zur Rente bei ein und demselben Arbeitgeber beschäftigt zu sein, ist ein Bild, das heute überwiegend der Vergangenheit angehört. Bei einer im Jahr 2009 europaweit durchgeführten Befragung von knapp 26 000 Menschen zu ihrer »Arbeitgeber-Wechsel-Freudigkeit« gaben 14 Prozent an, noch nie den Arbeitgeber gewechselt zu haben, 66 Prozent, ihn schon ein- bis fünfmal, und 7 Prozent, ihn sechs- bis zehnmal gewechselt zu haben. Von den verbleibenden 11 Prozent hat 1 Prozent mehr als zehnmal den Arbeitgeber gewechselt und 10 Prozent haben niemals gearbeitet.[8]

Der Megatrend New Work ist eng mit der omnipräsenten Veränderung unserer Gesellschaft verknüpft. Die Bedingungen in der Arbeitswelt werden in Zukunft immer weniger vorhersehbar sein, was für die Menschen bedeutet, sich immer wieder an andere Bedingungen anpassen zu müssen. Der Einzelne wird stärker gefordert werden – aber gleichzeitig auch eine größere Chance bekommen, sich aktiv an der Veränderung zu beteiligen.

Arbeit wird nicht mehr allein auf »Geld verdienen, um die Familie zu ernähren« reduziert. Vielmehr wird der Mensch in Zukunft – die Generation Y macht das heute schon vor – den Sinn dessen erkennen wollen, was er tut. Er fragt sich: Warum tue ich das? Wem nützt das? Was habe ich davon?

Was bedeutet das für den Berater?

> Sinnorientierte Jobeinsteiger wollen nicht bloß ein Rädchen im Getriebe sein.

Viele Unternehmen denken heute noch stark in alten Mustern. Dazu gehören klare hierarchische Strukturen und Vorgaben, die der Mitarbeiter umzusetzen hat. Mit dieser stark »blauen« Ausrichtung (nach dem Modell der *9 Levels*) kommen viele junge Jobeinsteiger mit ihrer ausgeprägten Sinnorientierung nicht zurecht. Sie wollen sich nicht »aufdrücken« lassen, was sie zu tun haben. Sie wollen wissen, warum sie eine bestimmte Aufgabe bekommen, und mehr in den Gesamtablauf involviert werden, statt nur Rädchen im Getriebe zu sein. Vielen Unternehmen ist dieser neue Typ von Mitarbeiter fremd. Sie wissen nicht damit umzugehen, was oft dazu führt, dass das neue Arbeitsverhältnis unter keinem guten Stern steht und sich keine Verbundenheit gegenüber dem Arbeitgeber einstellen kann. Unternehmen verbauen sich mit ihrer Ignoranz gegenüber dem, was die neue Generation bewegt, große Chancen für die Zukunft. Hier haben Unternehmensberater viel zu tun.

Aber auch der Trend in Unternehmen, sich bei Bedarf für einen gewissen Zeitraum Mitarbeiter auszuleihen, um günstig Hochzeiten bedienen und auffangen zu können, erschwert es, auf Dauer Produktivität und Rentabilität zu stärken. Leiharbeitsverhältnisse, Minijobs, befristete Verträge oder Teilzeitjobs unterstützen nämlich keinesfalls das Gefühl der Verbundenheit zum Arbeitgeber. Um sich mit den Unternehmenswerten identifizieren zu können, muss man als Arbeitnehmer schon eine gewisse Bindung aufbauen. Der Trend zu Kurzarbeitszeitverhältnissen erschwert das Vermitteln von Werten – und das werden Unternehmen auf lange Sicht verstärkt zu spüren bekommen. Auch hier können Berater ansetzen.

■ *Arbeit bekommt in Zukunft einen anderen Stellenwert. Die Vereinbarkeit von Familie und Beruf, ganzheitliche Gesundheit und der Nutzen für die Allgemeinheit rücken für Arbeitnehmer stärker in den Fokus. Hier brauchen Unternehmen in Zukunft Unterstützung.*

Konnektivität

Von den Forschern sehr passend als »Blockbuster« unter den Megatrends bezeichnet, ist dieser Trend auch der Grund für die Überzeugung, dass jetzt die Gründerzeit für Berater angebrochen ist. Dazu mehr im Kapitel »Auf der Welle des Megatrends Konnektivität«.

Globalisierung

Mit dem technischen Fortschritt verschwinden die Grenzen zwischen den Ländern. Die Auslagerung von Produktionsstätten in Billiglohnländer wie China oder Indien ist längst Standard geworden, und der Transport der Güter zurück in die westlichen Kosumentenländer ist dank riesiger Frachtschiffe und Cargo-Flugzeuge so einfach und schnell wie nie zuvor.

Auch im Bereich des Wissens hat die Globalisierung Folgen: Immer mehr Studenten werden im Ausland studieren, und immer mehr Menschen werden ihr Geburtsland verlassen, um sich woanders zu verwirklichen. Andere Kulturen und Sprachen kennenzulernen bedeutet, den eigenen Wissenschatz anzureichern und diese Erfahrungen bei der Bewerbung um einen Ausbildungs- oder Arbeitsplatz als »Bonbon« einsetzen zu können.

Was bedeutet das für Berater?

Wer Geschäfte im Ausland macht, sollte wissen, wie die Menschen dort ticken.

In andere Länder vorzustoßen bedeutet auch immer, sich mit anderen – zum Teil befremdlich wirkenden – Kulturen auseinandersetzen zu müssen. Wer Geschäfte im Ausland macht, sollte wissen, wie die Menschen dort ticken – sonst tritt man schnell ins Fettnäpfchen und verletzt oder beleidigt seinen potenziellen Geschäftspartner. Anders herum sollte man die fremden Gepflogenheiten auch kennen, um sich nicht selbst persönlich angegriffen oder falsch behandelt zu fühlen. Gerade Deutsche ecken mit ihrer »straighten« Art und der typischen Angewohnheit, nach vorne zu preschen, in vielen Ländern an, besonders dort, wo das Miteinander und das Zwischenmenschliche im Vordergrund stehen und Geschäfte ganz nebenbei beim Small Talk gemacht werden.

Unternehmen müssen sich auf dem globalen Parkett sicher bewegen, wenn sie erfolgreich expandieren wollen. Für Berater, die sich gerne mit anderen Kulturen auseinandersetzen und ihre Erfahrungen in die Unternehmen bringen können, bietet dies eine hervorragende Gelegenheit, sich zu spezialisieren.

Chancen für kleinere Unternehmensdienstleister

Große Beratungsunternehmen haben allein durch die Menge ihrer Mitarbeiter eine geballte Ladung Fachwissen an Bord, das sie je nach Anforderung einsetzen können. Das ist bekannt – und kleinere Unternehmensberatungen oder gar Einzelkämpfer arbeiten täglich hart daran, sich ebenfalls einen Namen auf dem Markt zu machen. Bekannt ist aber auch, dass die meisten mittelständischen Unternehmen sozusagen beratungsresistent sind, weil sie nichts mehr scheuen als einen großen Aufmarsch an gestylten Nadelstreifenanzugträgern, die mit Fremdwörtern um sich werfen und die Belegschaft in Aufruhr versetzen. Diesem klassischen Beratertypus fehlt es schlicht an essenzieller Menschlichkeit – die besonders in kleinen und mittelständischen Unternehmen erwartet und benötigt wird. Das ist die Chance für kleinere Beratungsunternehmen.

Aber auch die großen Konzerne wollen immer weniger Gesamtlösungen von den großen Beraterfirmen einkaufen und versuchen, so viel Projektarbeit wie möglich inhouse zu erledigen.[9] Hier werden es die Großen immer schwerer haben, in Teilprojekte reinzukommen, und der bisher gewohnte Gesamteinblick in ein Projekt bleibt ihnen verwehrt. Sie liefern nur noch Teillösungen und laufen dabei Gefahr, wichtige Dinge nicht in ihre Auswertung mit einzubeziehen. Da sie aufgrund ihres typischen Auftretens auch keinen Vertrauensbonus bekommen, sich nicht auf dem richtigen »Level« bewegen, werden sie an wichtige Informationen schlichtweg auch nicht herankommen.

Das ist die Chance für einen Berater, der seinem Kunden als Mensch gegenübertritt – der also ein Berater der nächsten Generation ist. Er wird es durch den Sympathiefaktor viel leichter haben, an Informationen zu kommen, die vom Kunden nicht gleich am Anfang geliefert werden. Selbst wenn der Berater nur für ein Teilprojekt gebucht wurde, wird der Kunde schnell erkennen, dass es dem Externen darum geht, das Gesamtumfeld zu verstehen. Ein solcher Berater wird Dinge hinterfragen, an die der Kunde bisher nicht gedacht, ja die er für unwichtig gehalten hat – letztlich also eine völlig normale Ausgangslage, denn der Kunde weiß ja nicht, wie die Lösung seines Problems aussieht.

Der Berater der nächsten Generation zeigt mit dieser Vorgehensweise nicht nur seine Kompetenz, sondern vor allem die Absicht, dem Kunden den Weg zur Lösung seines Problems zu weisen. Er wird durch seine Art – sein Auftreten als Gefährte – deutlich machen, dass es für ihn wichtig ist, das Unternehmen und die Menschen darin zu verstehen. Auf diese Weise wird sich eine Vertrauensbasis aufbauen, die der Kunde bis dahin womöglich noch nie zugelassen bzw. erlebt hat.

Der aktuelle Trend kleinerer Unternehmensdienstleister, je nach Bedarf des Kunden »schlanke« Projektteams zusammenzustellen, zeigt sich bereits heute als Tendenz in der Entwicklung. Der große Nachteil: Die Teams bekommen nicht automatisch den Gesamtüberblick über ein Projekt, weil der Kunde sie nur für eine bestimmte Leistung gebucht hat, die seines Erachtens den externen Blick verlangt. Ob sie in diesem Teilbereich wirklich richtig sind, werden diese Berater nie herausbekommen, solange der Kunde ihnen nicht mehr Einblick gewährt. Ein Berater steuert zwar Expertenwissen bei, doch stellt sich die Frage, ob das für das Projekt des Kunden den entscheidenden Unterschied macht. Außerdem hat der Kunde mit dieser Art des gezielten Zukaufs externen Wissens sehr starken Einfluss auf Methoden und Ergebnisse – die, auf diese Weise eingesetzt, vielleicht gar nicht zum gewünschten Ausgang führen können.

Selbstverständlich soll und muss der Kunde auch während der Beratungsperiode Einfluss und Mitspracherecht bei seinem Projekt haben – schließlich geht es hier um seine Firma, seine Mitarbeiter und seine Zukunft. Allerdings kann er meist nicht abschätzen, ob inhouse durchgeführte Teilprojekte des Gesamtprojekts dort auch wirklich in den besten Händen liegen. Meist haben die Mitarbeiter ihre eigene »Unternehmensbrille« auf und sind sprichwörtlich betriebsblind. Natürlich gilt das nicht für alle Bereiche eines Projekts, aber welche das betrifft, kann der Kunde meist nur schwer objektiv einschätzen.

Daher ist es wichtig, dass Unternehmen einen Berater nicht erst dann mit ins Boot holen, wenn die Zuständigkeiten bereits aufgeteilt sind – oder sogar erst dann, wenn die ersten Probleme auftauchen –, sondern schon dann, wenn es um die Planung eines Projekts geht.

Werden Projekte inhouse durchgeführt, droht Betriebsblindheit.

Ein Berater der nächsten Generation verschafft sich einen Überblick über die Gesamtsituation, er spricht mit der Geschäftsführung und anderen Führungskräften ebenso wie mit Mitarbeitern. Mit seinem Allroundblick ist er in der Lage, nach Rücksprache mit der Geschäftsführung Aufgaben intern zu verteilen. Er erkennt, wenn es an einer Stelle hakt, die weder inhouse noch durch seine Expertise angegangen werden kann, und empfiehlt, weiteres Fachwissen hinzuzuziehen.

Durch seinen Sympathie- und Empathiefaktor, seine eingebrachte Emotionalität und seine Kompetenz gelingt es ihm, auf jeder Hierarchiestufe des Unternehmens akzeptiert zu werden. So verschafft er sich einen Einblick, den klassische Berater so nie erhalten würden.

Neuer Typus Kunde

Die Welt des Kunden ist eine andere geworden. Noch nie war seine Informationsmacht so ausgeprägt wie heute. Noch nie war Wissen so leicht zugänglich. Diese neue Vernetzung gibt dem Kunden eine Machtposition. Er ist heute so unglaublich schnell informiert, wie es nie zuvor möglich war, und sein Bewusstsein dafür, dass er diesen Trumpf ausspielen kann, wächst.

Der Kunde von heute ist schlichtweg überinformiert. Und er ist dadurch auch »zappeliger« geworden. Vergleichbar ist das mit der Facebook-Welt: Da geht man mal kurz auf die Toilette und kann, wenn man nach zwei Minuten zurückkommt, seinen Post schon nicht mehr finden. Aus diesem Grund sind verlässliche Beziehungen und Netzwerke eine wichtige Basis, um Vertrauen zu schaffen.

Entschleunigung ist zunehmend die Antwort auf die ständige Erreichbarkeit und die Informationsflut.

Schaut man weiter in die Zukunft und berücksichtigt weitere Technologiesprünge, ist es durchaus möglich, dass das Ganze sich wieder etwas zurückentwickeln wird. Nach dem aktuell sehr schnellen digitalen Informationsaustausch werden die Menschen in den nächsten Jahren wieder vermehrt in Richtung Entschleunigung gehen. Diesen Trend beobachtet man heute schon, denn viele beginnen sich besorgt zu fragen, welche Ausmaße die allgegenwärtige Beschleunigung noch annehmen wird. Es wird immer mehr Menschen geben, die sagen: »Ich mache da nicht mehr mit!«

Was die hohe Geschwindigkeit und ständige Erreichbarkeit in der Geschäftswelt mittlerweile auslösen, kann man an der steigenden Zahl psychischer Erkrankungen erkennen, die oft entstehen, weil Menschen mit dieser Art Stress auf die Dauer nicht zurechtkommen. Dieser Stress bleibt nicht auf die Arbeitsstelle begrenzt – er schwappt auch in den privaten Bereich über. Psychischer Druck lässt sich nun einmal nicht an der Türschwelle abstreifen. Zwischen 2004 und 2011 sind die durch Burn-out verursachten Krankheitstage um das 18-fache gestiegen.[10] Der Mensch ist nicht dafür geschaffen, permanent auf Hochtouren zu laufen. Eine Anti-Welle zum gegenwärtigen »höher, schneller, weiter« zeichnet sich bereits heute in den Bücherregalen ab. Der Trend geht also zu einer Neuentdeckung des Menschen, zurück zur Normalität und Entschleunigung.

Der Trend- und Zukunftsforscher John Naisbitt bringt es auf den Punkt: »Je höher entwickelt die Technologie, desto höher das Kontaktbedürfnis.«

■ Die Zukunft geht für Berater ganz klar in Richtung Menschlichkeit und Empathie – Fachwissen auf einem Spezialgebiet ist dabei Voraussetzung. Der Berater wird zum Begleiter, der dem Kunden auch im Umsetzungsprozess zur Seite steht und immer den Gesamtüberblick bewahrt. Es gibt viele Themenbereiche – Schwerpunkte zeigen die Megatrends –, in denen sich Berater in den nächsten Jahren einen Namen machen können.

Vorstoß: Gründerzeit für Berater

Das World Wide Web ist voll von ihnen: Menschen, die aus einer ehemals unscheinbaren oder verrückt anmutenden Idee mittlerweile bares Geld machen. Da ist zum Beispiel Blendtec, ein US-Küchengerätehersteller, dessen Gründer Tom Dickson so von seinem Mixer überzeugt ist, dass er via YouTube alle Welt daran teilhaben lässt, wie sein Wunderwerk der Technik innerhalb von sechs Sekunden iPhones in Staub verwandelt. In einer genialen (viralen) Marketing-Kampagne wirft er alle möglichen Dinge in seinen Mixer und stellt den Zuschauern immer wieder die gleiche Frage: »Will it blend?« (Frei übersetzt: »Kriegt er das klein?«) Heute ist seine Firma Lieferant für Starbucks und Subway – und er hat mit seinem Mixer jede Menge Fernsehauftritte. Ein anderes Beispiel ist das Passauer Unternehmen mymüsli, auf dessen Website sich Kunden ihr Müsli ganz individuell zusammenstellen können, alles natürlich in Bioqualität. Dieses Unternehmen betreibt keine Kaltakquise und bringt nicht das Produkt zum Kunden, sondern den Kunden über das Internet zum Produkt. Das funktioniert – weil der Kunde hier nämlich, anders als im Supermarkt, selbst entscheiden kann, auf was er gerade Appetit hat.

Auch im Dienstleistungssektor hat es Ideen gegeben, die Angebote interessanter machen oder das Leben und die Arbeit erleichtern. Der Reparaturdienst Carglass zum Beispiel kommt mittlerweile zum Kunden nach Hause – ohne zusätzliche Kosten. Kunden der Deutschen Telekom können sich jetzt für Einzelbereiche wie Telefon, Internet, Mobilfunk etc. an ein einziges Kundencenter wenden, bei dem alle Fäden zusammenlaufen. Mit diesem »Alles aus einer Hand«-Prinzip können nur wenige Konkurrenzanbieter mithalten, was der Telekom viele Pluspunkte einbringt.

Der große Markt der Gesundheit – der voraussichtlich »sechste Kondratieff« – setzt immer mehr auf die großen Herausforderungen, die der demografische Wandel mit sich bringt. Wenn die Krankenversicherungen nicht mehr zu zahlen bereit sind, ruft das immer mehr private Serviceanbieter und Leistungsangebote auf den Plan, die auch von praktizierenden Ärzten fleißig gefördert und promotet werden. Beispiele dafür sind die sogenannten IGEL (individuelle Gesundheitsleistungen), die zu den medizinischen Vorsorgeleistungen gehören, aber nicht von den gesetzlichen Krankenkassen übernommen werden, private Pflegedienste, Essen auf Rädern etc. Gesundheitsfragen werden heute mittlerweile in Foren offen besprochen. Das Internet wird zum medizinischen Ratgeber, Patienten sind besser denn je informiert und können ihrem behandelnden Arzt mit breitem Wissen gegenübertreten. 54 Prozent der Deutschen nutzen heute das World Wide Web, um sich zu Gesundheitsthemen schlau zu machen.[1]

> **Der große Markt der Gesundheit befindet sich im Wandel und bietet vielfältige Chancen.**

Die Individualisierung und der steigende Fokus auf den Menschen mit seinen Wünschen und Bedürfnissen eröffnet Unternehmensgründern große Chancen, ihre Ideen in bares Geld umzuwandeln. Für den richtigen Schub sorgt der Megatrend, der all das erst möglich macht: der Megatrend Konnektivität.

Auf der Welle des Megatrends Konnektivität

Es ist heute einfacher denn je, Produkte zu entwickeln und Ideen zu kreieren. Vor 50 Jahren war das in dieser Form noch gar nicht möglich. Wer hätte es damals schon für möglich gehalten, dass heute praktisch jeder mit einem Smartphone durch die Gegend läuft, ständig mit mehreren Menschen gleichzeitig in Kontakt steht und sich währenddessen die günstigste Tankstelle in der Gegend zeigen lässt und noch schnell seine beruflichen E-Mails checkt? Dieser Kondratieff – der Kondratieff der Informationstechnik – ist noch nicht an seinem Ende, und der Megatrend Konnektivität ist in vollem Gange: Er prägt die Menschen heute und wird sie auch noch lange prägen.

Von den Autoren der Megatrend-Dokumentation so treffend als »der Blockbuster unter den Megatrends«[2] bezeichnet, wird die Wirkung der Konnektivität auf alle anderen Megatrends deutlich. Die neue Form der Organisation des Menschen in Netzwerken beeinflusst sämtliche Lebensbereiche – und das von morgens bis abends. Musste man sich noch vor 20 Jahren umständlich mit einem Modem ins Internet einwählen und nach erledigter Arbeit wieder abmelden, ist man heute permanent online, wenn man das wünscht. Zu Beginn des neuen Jahrtausends – also vor aktuell 15 Jahren – waren 29 Prozent der deutschen Bevölkerung im Netz aktiv, also drei von zehn Personen. Bis zum Jahr 2012 ist der Anteil bereits auf 76 Prozent angestiegen.[3]

Eine interessante Beobachtung gibt es auch zur Nutzung des Internets in der Generation 50plus: Im Jahr 2012 stieg bei den 50–59-Jährigen der Anteil der Internetnutzung von 69,1 % (2011) auf 76,8 % (2012), bei den 60–69-Jährigen von 53,9 % auf 62,7 %. Unter den ab 70-Jährigen ist jeder fünfte online.[4] Das bedeutet, dass sich selbst diese Generation, die ohne Computernutzung aufgewachsen ist, mittlerweile nicht mehr länger dem Trend entzieht.

Nichts Besonderes, sondern austauschbar zu sein, ist der »Killer« für jeden Berater.

Dieser Megatrend Konnektivität, also der Zugriff auf Daten, das Heranziehen von Informationen und das Präsentieren der eigenen Person, des Unternehmens oder der Dienstleistung in der digitalen Welt, wird immer weiter voranschreiten. Das Individuum, der Mensch – und somit auch der Kunde von heute, morgen und übermorgen – ist selbstbestimmt.[5] Sieht er in einer Dienstleistung (oder einem Produkt) einen klaren Nutzen für sich, greift er zu. Auch Berater werden das mehr und mehr zu spüren bekommen: Noch sehen Unternehmen einen Berater als einen Experten auf einem Gebiet, dessen Wissen man sich für eine bestimmte Zeit ausleiht. Klappt die Zusammenarbeit nicht, wird er ausgetauscht, und ein anderer rückt an seine Stelle. Seine Dienstleistung gilt *noch* als leicht und schnell austauschbar. Besonders Berater, die in großen Unternehmensberatungen beschäftigt sind, bekommen dieses Vorgehen oft zu spüren: Sie sind schnell weg vom Fenster, wenn sie die Erwartungen ihrer Bosse nicht erfüllen. Austauschbarkeit bedeutet, nichts Besonderes, sondern ersetzbar zu sein – der »Killer« für jeden Berater!

Mit Einzigartigkeit Geschäft generieren

Ein Berater der nächsten Generation muss sich also durch echte Einzigartigkeit auszeichnen, und zwar für seine Kundenzielgruppe und auf seinem Gebiet, mit genau der richtigen Mischung aus Kompetenz und Soft Skills. Diesen Boom der Individualisierung müssen Berater von übermorgen verstärkt mitgehen, wenn sie ihre Kunden individuell beraten wollen. Der Markt – bzw. der Kunde – gibt vor, was gebraucht wird, und die Nachfrage ändert sich permanent.

▨ *Was passiert, wenn man sich nicht damit beschäftigt, was der Kunde heute und morgen will, zeigt das traurige Beispiel des Untergangs der Drogeriekette* **Schlecker** *mit über 30 000 Angestellten. Das in patriarchalischem Stil geführte Familienunternehmen unter Anton Schlecker war über 30 Jahre lang sehr erfolgreich – ein wahres Imperium. Die Grundidee, ein Nahversorger mit deutschlandweit über 10 000 Filialen sein zu wollen, ging zunächst auf. Die Räumlichkeiten waren damals nüchtern gehalten und hatten eher das Flair eines Ramschladens. Das Sortiment war standardisiert und die Preise waren günstig – Schlecker wurde Marktführer.*

Bis die Konkurrenz in Form von Drogeriemärkten wie dm und Rossmann aus ihren Startlöchern kam. Die Konkurrenten waren schlau und stellten neben Wickeltischen in ihren Läden auch kostenlose Geschenkpapiertische sowie Wasserspender zur Verfügung, sodass man als Kunde gerne auch länger in den Läden verweilte. Mit diesem kundenfreundlicheren Konzept – bei Rossmann bot man sogar Eltern mit Zwillingskinderwagen genügend Platz zum Stöbern – wurde der bisherige König Schlecker schnell von seinem Thron geschubst. Statt jetzt schleunigst wieder den Anschluss zu suchen und sich die Marktführerschaft zurückzuholen, klammerte sich das Unternehmen weiter an sein altes Konzept, verlor mehr und mehr Kunden an die Konkurrenz und hatte weiterhin viel zu hohe Ladenmieten abzudecken.

Nicht gerade förderlich waren die im Jahr 2010 bereits aufgekommenen Diskussionen über Schleckers schlechten Umgang mit seinen Mitarbeitern. Vor diesem Hintergrund hatte zum damaligen Zeitpunkt auch die Gesellschaft für Konsumforschung (GfK) eine Analyse zur Gewinnentwicklung des Konzerns durchgeführt – mit dem Ergebnis, dass allein dieser Kritikpunkt kurzfristig zu Erlöseinbußen von 16 Prozent geführt hatte. Zwischen 2004 und 2010 machte Schlecker einen Verlust von einer halben Milliarde Euro.[6]

Dennoch tat der Firmeninhaber noch im Januar 2010 öffentlich kund, keine Unternehmensberater zu brauchen. Ein knappes halbes Jahr später war aber die Not so groß, dass er doch einen Spezialisten für Familienunternehmen hinzuzog. Dieser legte nicht nur eine verfehlte Preispolitik sowie eine nicht darstellbare Expansionspolitik offen, sondern auch eine völlige Unkenntnis in Bezug auf Kundenbedürfnisse und -ansprüche. Das Beratungsunternehmen arbeitete daraufhin sofort ein Restrukturierungsprogramm aus, das jedoch vom Firmeninhaber abgeblockt wurde. Nach Umsetzung dieses Programms hätte die Kette innerhalb der kommenden zwei Jahre wieder Gewinne einfahren sollen – doch dazu ist es nie gekommen, weil Anton Schlecker die Marketing-Kampagne eingestellt und das Konzept nicht zu Ende gebracht hatte. Auch die geplante Schließung unrentabler Filialen hatte der Firmeninhaber boykottiert.

Grundsätzlich wird der Unternehmensführung eine Reihe von Versäumnissen in den Jahren seit der Gründung angelastet. Auch der Einsatz der Schlecker-Kinder, die alles versuchten, um die Drogeriekette zu retten, kam letztendlich zu spät, denn ihre Initiative konnte nicht schnell genug umgesetzt werden. Dazu fehlte schlichtweg das Geld. Ein Insolvenzverwalter übernahm im Januar 2012 die Geschicke des Unternehmens.

Ein Berater auf Arbeitnehmerseite? Eine solche Gratwanderung kann für alle Beteiligten gewinnbringend sein.

Wenn die Geschäftsführung ihren eigenen Kopf hat, kann selbst der beste Berater mit hunderten Belegen für die Notwenigkeit eines Kurswechsels das Ruder nicht mehr herumreißen. Kosteneinsparungen stehen meistens auf dem Programm, wenn ein Unternehmen in Schieflage geraten ist – und die nehmen generell ihren Anfang bei dem hohen Kostenfaktor Mensch. Lohnverzicht, betriebsbedingte Kündigungen und Produktionsverlagerungen sind oft die ersten verzweifelten Maßnahmen, um wieder Land zu gewinnen. Spätestens dann werden Betriebsräte aktiv und drohen mit

Gegenmaßnahmen, wie etwa Streiks … oder sie holen sich für ihre Angelegenheiten einen Berater ins Haus. So etwas gibt es tatsächlich. Das Heikle an einer solchen Konstellation ist, dass sich dieser Berater auf die Seite der Arbeitnehmer begibt, aber von deren Arbeitgeber bezahlt wird. Hört sich konfus an und bedeutet sicher eine Gratwanderung – kann aber letztendlich für beide Seiten gewinnbringend sein.

Das erklärt sich so: Bei dieser Konstellation setzt der Berater bei den Mitarbeitern an. Und die kennen ihren Betrieb von innen und außen, mit all seinen Ecken und Kanten, vor allem, was den täglichen Ablauf und Störfaktoren angeht. Sie bilden auch die Schnittstelle zum Kunden und wissen, was dieser will. Die Führungsetage dagegen hat meistens nur die Theorie vor Augen und setzt sich mit Strategien auseinander. Will man jedoch in das Herz eines Unternehmens hineinhören – und das sind nun mal die Mitarbeiter –, muss man an anderer Stelle ansetzen. Natürlich wird die Arbeit eines von einem Betriebsrat beauftragten Beraters nicht vor den Chefetagen Halt machen. Die Personen dort sind nämlich ebenso Teil des Apparats – und letztendlich spielt alles als großes Konstrukt zusammen. Nur wer die internen Abläufe kennen- und das Gefüge verstehen lernt, kann die Stellen ausmachen, an denen es hakt.

Stellt sich noch die Frage, welcher »Sorte« Berater die Mitarbeiter wohl eher vertrauen: dem von der Geschäftsführung beauftragten oder dem von ihrem Betriebsrat beauftragten? Diese Frage hat natürlich rein rhetorischen Charakter.

Der Einfluss der eigenen Mitarbeiter wird von den Arbeitgebern noch viel zu sehr unterschätzt. Als Arbeitnehmervertreter haben Betriebsräte laut Betriebsverfassungsgesetz Rechte, mitzubestimmen, wenn es zum Beispiel um Arbeitsabläufe geht, um die Gestaltung des Arbeitsplatzes und der Arbeitszeit. Außerdem haben sie Mitspracherechte im Gesundheitsschutz, bei Personalfragen oder bei der Kontrolle von Leistungen. Bei größeren Unternehmen, die noch einen Aufsichtsrat haben, wachen Arbeitnehmervertreter über Strategien und beraten sich mit der Geschäftsführung gemeinsam im Wirtschaftsausschuss über die aktuelle Situation und die Pläne für die Zukunft des Unternehmens. Im Falle einer Insolvenz kommen Mitarbeiter schnell auf die Seite der Gläubiger, wenn ihre Löhne noch zur Auszahlung ausstehen, und können mit darüber entscheiden, welchen Weg der Insolvenzverwalter gehen kann. Selbst wenn sich die Firma aus strategischer Sicht in irgendeiner Weise umorganisieren muss, wird der Betriebsrat involviert, damit die Mitarbeiter so wenig wie möglich in Mitleidenschaft gezogen werden, aber gleichzeitig auch der Arbeitgeber die Chance hat, seine Situation zu verbessern.

> **Noch immer unterschätzen Arbeitgeber den Einfluss ihrer eigenen Mitarbeiter.**

Welche Wege eingeschlagen werden, sollte allerdings immer davon abhängen, was der Kunde will. Das zu beachten hat Schlecker, wie im Beispiel beschrieben, von Beginn an versäumt und sich auch später nicht dahingehend umstimmen lassen.

■ *Im Gegensatz dazu fuhr* **Rossmann** *von Beginn an eine ganz andere Strategie. Firmengründer Dirk Roßmann war es schon immer wichtig, nicht nur nah am Kunden zu sein und seine Mitarbeiter entsprechend auszubilden, sondern auch über den Tellerrand zu schauen und sich dort zu engagieren, wo man auch nachhaltig etwas erreichen kann. Der Drogerieunternehmer ist beispielsweise auch Gründer einer Stiftung zur Begrenzung der Weltbevölkerung. In einem Interview mit dem Handelsblatt[7] gibt Roßmann an, dass soziales Engagement von Unternehmern und Unternehmen für ihn selbstverständlich ist. Mit der »Deutsche Stiftung Weltbevölkerung« hat er die Möglichkeit, sich aktiv für die Zukunft der Erde einzusetzen. Für ihn bedeutet Unternehmer sein mehr, als sich mit Statussymbolen zu schmücken. »Es macht mir Freude, Dinge zu tun, die Hand und Fuß haben. Das ist der Geist des Unternehmertums. Und der gilt für meine Arbeit ebenso wie für die der Stiftung.« Auf die Frage, was seine Zahlen stetig wachsen und die Konkurrenz blass aussehen lasse, antwortet Roßmann, dass eine intakte Unternehmenskultur nicht von selbst entstehe und seine Kette nur deshalb so positive Zahlen schreibe, weil die Gemeinschaft großgeschrieben werde und seine Führungsriege nicht umsonst schon seit vielen Jahren an seiner Seite sei. Ein firmeneigenes Seminarzentrum – der Rossmann-Waldhof in der Lüneburger Heide – steht seinen Managern und Mitarbeitern aus allen anderen Unternehmensbereichen seit Beginn der 80er-Jahre für Fort- und Weiterbildungen zur Verfügung; dort wird u. a. Persönlichkeitsentwicklung gefördert.*

Der Firmengründer arbeitet allerdings auch hart an sich, geht mit sich oft »ins Gericht« und lässt sich auch von seinen Söhnen konstruktiv kritisieren. Außerdem ist es ihm wichtig, dass »Menschen ihre Chance bekommen, ihre eigene Kraft und Bedeutung zu entdecken«.

Im Jahr 2013 war Rossmann die zweitgrößte Drogeriekette Deutschlands und eröffnete Ende November in Hannover die 3000. Filiale. Neben Deutschland hat der Konzern auch in Polen, Ungarn, Tschechien, Albanien und in der Türkei Verkaufsstellen. Dirk Roßmann hat sich jedoch mit der »Eroberung« weiterer Länder im Gegensatz zu Anton Schlecker sehr zurückgehalten, weil er nach eigenen Aussagen immer kontrolliert expandieren wollte.

Begonnen hatte alles am 17. März 1972 mit dem ersten »Markt für Drogeriewaren« in Hannover. Zehn Jahre später schon war Rossmann mit 100 Verkaufsstellen Marktführer in Norddeutschland. Beim 25-jährigen Jubiläum war die Zahl schon auf 444 Drogeriemärkte in Deutschland und weitere 55 in Osteuropa angewachsen. Über 1000 Auszubildende absolvieren heute bei Rossmann eine kaufmännische Ausbildung, von denen mehr als 80 Prozent anschließend übernommen werden können.

Rossmann hat – anders als zum Beispiel Karstadt – sein Sortiment an den Filialstandort angepasst. In ländlichen Gegenden zum Beispiel gibt es ein erweitertes Produktangebot, das auch gerne angenommen wird, da Rossmann dort die Rolle eines klassischen Nahversorgers oder eines kleinen Kaufhauses einnimmt. Nah am Kunden eben.

Ganz verzichten kann und möchte Dirk Roßmann auf Beraterleistungen nicht. Sein Konzern ist mittlerweile zu groß, um alles allein machen zu können. Verantwortung abgeben ... das kann er. Und zwar auch mit ruhigem Gewissen, denn er weiß, was seine Entscheider können, und vertraut ihnen voll. Der Drogeriechef holt sich gerne Ex-Berater von Beratungsunternehmen in seinen Konzern. Die Geschichte von Rossmann zeigt, dass die Strategie des differenzierten Produktangebots und der Kundennähe gepaart mit Discountpreisen voll aufgeht. Ändern sich die Bedürfnisse der Kunden, wird reagiert. Das ist nicht überall so.

Angesichts der Komplexität des Marktes sind die Reaktionen oft ähnlich wie beim Klimawandel: Man weiß, dass bereits Schäden entstanden sind, aber die wenigsten tun etwas dagegen. Im übertragenen Sinn bedeutet das: Die Dinosaurier der Beraterbranche werden aufgrund des Klimawandels aussterben. Wer im Beratermarkt also auf Dino-Prinzipien baut, wird untergehen. Die wirklichen Saurier fielen zwar keinem allmählichen Wandel, sondern den Folgen einer unvorhersehbaren Katastrophe zum Opfer – doch selbst diese konnten andere Spezies durchaus überstehen. Wer hat nämlich vor rund 65 Millionen Jahren den Einschlag eines gigantischen Meteoriten auf der Erde überlebt? Es waren die Lebewesen, die sich am besten an die neuen Umgebungsbedingungen anpassen konnten. Sie haben dadurch dazu beigetragen, dass es überhaupt Menschen gibt. Die Lehre daraus: Berater, die immer noch an alten Mustern festhalten und sich den veränderten Ansprüchen der Kunden verschließen, werden den aktuellen Wandel nicht überleben.

Wer angesichts der Veränderungen am Markt überleben möchte, muss sich diesen anpassen.

Dabei können eigentlich genau diejenigen, die über viele Jahre viele Unternehmen von innen gesehen haben, mit einem unglaublich wertvollen Praxiswissen punkten. Dieses Know-how zu verschenken, wäre eine absolute Tragödie! Eingefleischte Berater tun sich allerdings eher schwer damit, etwas an ihrem seit vielen Jahren bewährten Konzept zu verändern. Sie beobachten aber auch, was alles um sie herum passiert. Sie erkennen, dass sie bei bestimmten Themen nicht mitreden können, weil ihnen das Verständnis fehlt. Sie nehmen nicht wahr, dass dem Kunden der immer gleiche Ansatz zu altbacken ist, weshalb er nun Zeitgemäßeres erwartet, dass er aber zugleich auch Praxiswissen schätzt und darauf nicht verzichten möchte. Was also tun?

Auch wenn immer mehr frischgebackene Berater auf den Markt stürmen, deren nie versiegende Ideenquellen besonders in größeren Unternehmen sehr gefragt sind, würde niemand diesen Youngstern weit und tief reichendes Praxiswissen unterstellen oder sogar abkaufen. Deswegen ist ein junger Berater aber nicht weniger wertvoll. Ideal wäre eine Kombination aus beiden Beratertypen. Ein eingefleischter Prozesskenner, der weiß, wie der Hase läuft, und ein geschulter Analytiker, der mit seiner Netzwerkdenke die komplexe Welt der Kommunikation mit einbezieht.

Hier ist wieder deutlich zu erkennen: Einer braucht den anderen. Diese Kombination aus Alt und Jung macht die Sache dann richtig spannend und bietet Unternehmenskunden einen echten Mehrwert, der weit entfernt ist von Standardlösungen, die immer weniger gefragt sein werden.

Innovationszyklen, Megatrends oder neuer Typus Kunde – der Wandel ist allgegenwärtig. Das, was heute passiert, kann man nicht mit dem vergleichen, was noch vor 50 Jahren war. Unternehmen müssen sich dringend verändern – ja sogar neu erfinden, weil Veränderung allein nicht ausreichen wird, denn der Mensch, und mit ihm die Technik, verändert die Rahmenbedingungen permanent. Heute sind die wirtschaftlichen Rahmenbedingungen noch extrem gut, das schafft wertvolle Reaktionszeit – und diese Chance sollten Berater nutzen. *Jetzt!*

Heute sind die Möglichkeiten da, Gelder für die eigene Geschäftsidee zu akquirieren und in der Branche gut Fuß zu fassen. Denn es ist nur eine Frage der Zeit, wann der nächste Crash kommen wird. Und dann werden nur die eine Überlebenschance haben, die es geschafft haben, sich rechtzeitig neu auszurichten.

Egal ob Produzenten oder Dienstleister – Unternehmen werden sich in den nächsten Jahren die Fragen stellen müssen: *Was liefern wir über tolle Produkte und hohe Gewinne hinaus als Mehrwert ab? Was bleibt, wenn wir die Bilanz des Jahres gezogen haben? Ist das eigentlich alles gewesen?* Das Thema Werte und Wertebewusstsein wird in den nächsten fünf bis zehn Jahren eine ganz neue Bedeutung bekommen. Der Kunde von übermorgen wird verstärkt den persönlichen und

> **Der Kunde von übermorgen wird nach neuen Lösungswegen suchen, deren Ergebnisse er noch nicht kennt.**

allgemeinen Nutzen und den Sinn seines Tuns sehen wollen. Er wird mit seinen Geschäftskontakten eine Beziehung eingehen wollen, die auf gegenseitigem Verständnis und Empathie beruht. Er wird sich ein Netzwerk aufbauen, das sein Leben in jeder Hinsicht bereichert und ihm gleichzeitig seinen Alltag erleichtert. Er wird nach neuen Lösungswegen für Probleme suchen, deren Ergebnisse er selbst noch nicht kennt.

■ *Für Unternehmen bedeutet das große, tiefgreifende Veränderungen.*
Jede Veränderung bringt einen Wertewandel mit sich. Leider sind die
meisten Unternehmen noch nicht bereit dazu, diesen zu vollziehen.
Fazit: Genau jetzt haben Berater die Chance, ihre Kunden in die nächste
Generation zu begleiten.

Pure Future

Ein typischer Berater-Tag im Jahr 2025

■ Ein leises Prasseln gegen die Fensterscheibe ist an diesem Morgen das Erste, was Tom noch im Halbschlaf vernimmt. Während er sich auf die Seite dreht, hört er auch schon eine vertraute, wohlklingende Stimme: »Guten Morgen Tom, es ist Viertel vor acht. Die Außentemperatur beträgt neun Grad, und es regnet leicht. Im Laufe des Vormittags wird allerdings die Sonne zum Vorschein kommen, und bis zu 15 Grad können erreicht werden.«

Diese Haussysteme sind schon eine feine Sache. Tom hat seines mit der Stimme programmiert, die ihm und seiner Frau am besten gefallen hat. Er hätte eigentlich gerne die Stimme seiner Frau darin verewigt, aber Marie fand die Vorstellung, jeden Morgen von ihrer eigenen Stimme geweckt zu werden, nicht gerade angenehm. So entschieden sie sich für »Sonja«. Sonja kümmert sich um alles, was mit dem Haus und den Menschen darin zu tun hat.

Solche Haussysteme gibt es schon seit einigen Jahre, und sie werden kontinuierlich weiterentwickelt und decken immer mehr Bereiche ab. Mittlerweile kann man mit ihnen nicht nur die Schließanlage betätigen, die Temperatur oder das Licht regeln, Fernseh- und Radioprogramme zentral steuern und Küchenelektrogeräte wie Kaffeemaschine, Backofen, Geschirrspüler oder Mikrowelle an- und ausschalten, sondern auch den Inhalt von Schränken auf Vollständigkeit überprüfen und fehlende Produkte automatisch bestellen und anliefern lassen. Intelligentes Bestandsmanagement nennt man so etwas heute.

Besonders, wenn es um ihre Kosmetika geht, schätzt Marie diese Entwicklung sehr, denn so muss sie nichts mehr selbst bestellen und ihr bleibt mehr Zeit für andere Dinge. Tom wiederum, der seine freie Zeit gerne mit langen Waldläufen verbringt, weiß dieses intelligente Bestandsmanagement hauptsächlich dann zu schätzen, wenn es seine Omega-3-Fettsäurekapseln nachbestellt. Denn früher sind ihm die Dinger immer unerwartet ausgegangen, und er musste mindestens einen Tag auf die Lieferung warten. Heute erkennt das System, wenn Tuben, Flaschen, Döschen oder auch Medikamente zur Neige gehen, und bestellt selbstständig Nachschub. Parallel dazu wird der Hauseigentümer über die Bestellung informiert, sodass er noch genügend Zeit hat, Änderungswünsche zu äußern. Es bleibt also nichts liegen, und Tom hat keinen Grund mehr, sich über seine Vergesslichkeit im Alltag zu ärgern, wie das früher öfter der Fall war.

Solche Bestellungen werden auch längst nicht mehr von einem Lieferservice auf vier Rädern durchgeführt. Es war nämlich allerhöchste Zeit, den Straßenverkehr zu entlasten. Heute übernehmen Drohnen diese Aufgabe, die ihre Lieferung an einem extra für sie eingerichteten Platz abgeben, an dem die Ware sowohl sicher vor Diebstahl ist als auch bei der richtigen Temperatur gelagert wird, bis sich der Empfänger darum kümmert, sobald er nach Hause kommt.

Getoppt wird das Ganze noch durch die Funktion eines persönlichen Butlers, der Informationen abruft, Termine festlegt und für die Kommunikation mit der Welt verantwortlich ist. Eine der wirklich genialen Weiterentwicklungen, findet Tom. Heutzutage werden nämlich nur Informationen übermittelt, die auf die eigenen Interessen abgestimmt sind. Jeder kennt noch den Unmut von früher, wenn Massen von E-Mails in den Postfächern landeten. Man wurde regelrecht erschlagen von einer Informationsflut, die nicht vorgefiltert war. Zwar trennte man damals schon Spam vom Rest der Masse, aber dieser Rest war noch immer so groß, dass man oft sehr lange damit beschäftigt war, Mails vorzusortieren. Schaltet Tom heute das – früher noch in Fernsehen, Radio und Internet unterteilte – Informationssystem an, bekommt er nur noch die Informationen, die ihn interessieren könnten. Sonja durchsucht dafür permanent die Datenbanken der Welt. Wenn das System etwas Interessantes entdeckt, wird es zur Verfügung gestellt und kann abgerufen werden, sobald sich dafür die Gelegenheit ergibt oder Tom es direkt abfragt. Diese Abfragemöglichkeit ist von überall gegeben – egal, ob Tom zwischen Meetings schnell Informationen einsieht, auf dem Nachhauseweg seine Lebensmittelbestellung, die er gleich abholen möchte, ergänzt oder sich im Urlaub einen Tagesausflug planen lässt, der voll und ganz auf seine individuellen Interessen und Wünsche zugeschnitten ist.

> **Es werden nur Informationen übermittelt, die auf die eigenen Interessen abgestimmt sind.**

Auch Voice- und Videobotschaften gehören mittlerweile zum Alltag und bedeuten eine immense Zeitersparnis im Tagesablauf.

»Maries Flieger ist heute Morgen pünktlich um 6:58 Uhr gestartet. Sie wird sich melden, sobald sie in Rom angekommen ist.«

Tom öffnet langsam seine Augen und blickt auf die leere Bettseite neben sich. Ja, richtig ... Marie ist heute ja zu einer Messe nach Rom geflogen und wird erst in einer Woche wieder zurück sein. Wie gerne wäre er diesmal wieder mitgekommen, aber ein Kundenprojekt erfordert seine ganze Aufmerksamkeit. Darauf freut er sich jedoch, denn Projekte sind heute ganz anders als noch vor zehn Jahren.

Seine Anfangszeit als Berater in einem großen Beratungshaus kommt Tom wieder in Erinnerung. Er kam damals schon zu Studienzeiten mit dem Metier in Kontakt, indem er für einen Berater Analysen durchführte. Was er persönlich allerdings sehr schade fand, war, dass er nicht wusste, für welchen Zweck er die ganzen Daten ermittelte und auswertete. Die Bezahlung war nicht schlecht für einen Studenten. Er wusste zwar, dass der Berater, dem er die Daten zuspielte, selbst erheblich mehr verdiente, aber viel mehr beneidete er diesen um seinen Job, der es ihm ermöglichte, direkt am Kunden zu arbeiten. Nach seinem Abschluss bewarb er sich auch direkt für ein Vorstellungsgespräch. Wahrscheinlich hat er die Einladung dazu nicht nur seinen wirklich sehr guten Abschlussnoten zu verdanken, sondern auch seiner vorherigen Tätigkeit als Analytiker für diese Unternehmensberatung. Wie auch immer, Tom meisterte das Gespräch ohne Probleme, genau wie den später folgenden Test. Er war also endlich dabei.

Auf seinem ersten Projekt erwischte es ihn gleich eiskalt. Mit gerade einmal Mitte 20 wurde Tom dem Kunden damals von seinem Projektleiter als Logistikexperte vorgestellt. Er hatte zwar schon einige Analysen für Berater durchgeführt, doch war er sich nicht sicher, ob das wirklich einen Expertenstatus rechtfertigte. Sein Vorgesetzter hatte jedoch offensichtlich keine Bauchschmerzen dabei und schob Tom direkt die Aufgaben zu: Er sollte den Logistikmarkt analysieren und darstellen, wie die Entwicklung sein würde und welche Themen dort gerade angesagt waren. Dafür bekam er einen PC mit Zugriff auf das World Wide Web. Seine Ausarbeitung sollte maximal zehn PowerPoint-Folien umfassen. Also begann Tom, das zu tun, was er schon ganz gut konnte: Er recherchierte. Sein Ergebnis erntete entsprechend großes Lob beim Kunden.

Überhaupt schien Tom von Beginn an ein Gespür für die Belange der Kunden zu haben, die ihm zugeteilt wurden. Außerdem war er strategisch ein Ass. Es dauerte nicht allzu lange, und schon wurde ihm angeboten, selbst Projektleiter zu werden und damit die nächsthöhere Stufe in der Hierarchie des Beratungsunternehmens zu erklimmen. Mit diesem Schritt hatte er plötzlich ganz andere Ansprechpartner und Kontakte, die sich ebenfalls auf Führungs-, ja sogar Top-Führungsniveau bewegten. Zu seinen Aufgaben gehörte in dieser Position nun nicht mehr die direkte operative Arbeit am »Herzen des Kunden«, sondern das Heranholen von neuen Projekten. Er war so etwas wie ein Verkäufer geworden und verantwortlich dafür, dass seine »Schäfchen« die Projekte erfolgreich abschlossen. Das Delegieren fiel ihm schwer. Der interne Druck, am besten gleich noch Folgeprojekte in trockene Tücher zu bringen, widersprach seinem individuellen Ziel, seinen Kunden zu begleiten und soweit zu unterstützen, dass dieser in Zukunft auf eigenen Beinen stehen konnte. An Nachhaltigkeit war sein Brötchengeber überhaupt nicht interessiert. Die Zahlen mussten stimmen, also mussten Projekte generiert werden. Was Tom in seiner neuen Position am meisten störte, war, dass der Mensch hinter den ganzen Zahlen komplett verschwand. Strategisches Genie hin oder her, Tom wollte mit seiner Arbeit mehr bewirken, als sich einen dicken Geldbeutel und eine ruhmreiche Position als Vorbild für die Nachrücker in dieser Branche zu verschaffen. Es passte so für ihn einfach nicht.

> Die große Unternehmensberatung war überhaupt nicht an Nachhaltigkeit interessiert.

Nach immerhin vier Jahren im Unternehmensberatungshaus traf Tom für sich die Entscheidung, diese Maschinerie zu verlassen. Er wollte etwas Eigenes schaffen. Etwas, bei dem er bestimmen konnte, welche Kunden er selbst betreut, und vor allen Dingen, wie er sie betreut. Auch wenn es etwas dauern würde, den ersten Auftrag zu bekommen, hatte er das nötige Polster, um trotzdem eine Weile ein angenehmes Leben führen zu können.

Es war eigentlich abzusehen, dass eine erste Anfrage nicht lange auf sich warten lassen würde. Tom hatte in seinen vier Jahren als Berater viele interessante Kontakte geknüpft und erntete jetzt die Früchte seiner Arbeit. Da er besonders gegen Ende vor allem mit Entscheidern zu tun hatte, kam ihm genau dieser Umstand jetzt zugute: Er erhielt neue Anfragen und knüpfte weitere Kontakte aufgrund von Empfehlungen. Besonders schätzten seine Auftraggeber seine immense und schnelle Auffassungsgabe, durch die er die vielen komplexen Zusammenhänge im und um das Unternehmen herum verstehen konnte, sowie seine Art, mit den Menschen umzugehen. Er konnte sich innerhalb kürzester Zeit auf deren Gesprächsebene begeben. Aber vor allem war er bekannt dafür, auch einmal einfach nur zuhören zu können. In dieser schnelllebigen Zeit war das schon etwas Besonderes.

Und so ist es auch heute noch. Das macht ihn für andere Berater zu einem ausgesprochen begehrten Partner für solche Projekte, in denen es darum geht, Menschen »mitzunehmen« – egal welcher Hierarchieebene. Obwohl das Thema Nahbarkeit schon seit vielen Jahren diskutiert wird, ist es immer noch nicht bei vielen seiner Kollegen angekommen. Naja, zugegebenermaßen liegt das auch nicht jedem Menschen. Doch die »Unnahbaren« sollten sich wohl besser nach einem anderen Job umsehen, für den weniger Einfühlungsvermögen und Verständnis für den anderen gebraucht wird. So sieht Tom das zumindest.

Das Metier der Beratung ist eben ein sehr sensibles, denn wer auch immer einen Berater sucht, hat ein Problem, bei dem er selbst nicht weiterkommt. Die Themen, um die es dabei geht, sind meist mit Feingefühl zu behandeln. Denn für den Auftraggeber bedeutet das Hinzuziehen eines Beraters zuallererst, sich einem Fremden öffnen zu müssen. Er präsentiert sozusagen seinen wunden Punkt und macht sich in dem Moment überaus angreifbar.

Holt sich zum Beispiel ein Unternehmen einen Berater ins Haus, weil die Umsätze zurückgehen und alle Maßnahmen, die bisher im Alleingang getroffen wurden, nicht fruchten, muss es dem Berater einen kompletten Einblick in die Firma geben. Das fängt bei den Zahlen an, geht über Geschäftsberichte, Marktanalysen und Zukunftsrecherchen bis hin zu Gesprächen mit den Mitarbeitern. Dazu gehört erst einmal deren Bereitschaft, sich dem Berater überhaupt zu öffnen. Dazu gehört eine große Portion Vertrauen, denn nicht selten soll verhindert werden, dass irgendwelche Gerüchte über eine Firmenkrise nach außen dringen. Das könnte nämlich unbeabsichtigte Folgen nach sich ziehen.

Natürlich wird auch der beste Berater nicht verhindern können, dass man sich intern hinter vorgehaltener Hand austauscht und seinen Sorgen Ausdruck verleiht. Doch ein Berater hat die Möglichkeit, alle Betroffenen von Beginn an miteinzubeziehen. Es ist nicht immer einfach, die Karten offen auf den Tisch zu legen. Besonders dann nicht, wenn man recht spät dazugeholt wird und schon ein Level erreicht ist, der manche Handlungsalternativen nicht mehr zulässt. Tom hat das schon mehrmals erlebt. Die bisherigen Erfahrungen der Mitarbeiter zeigten sich dann oft in der Art, wie sie auf seine

Präsenz reagierten: mit Vorurteilen, ablehnend und vor allen Dingen mit Angst. Es hat ihn damals einige Zeit und Mühe gekostet, zu erreichen, dass die Leute ihn nicht als Vernichter ihrer Arbeitsplätze, sondern als Fels in der Brandung sehen konnten. Um sich dieses Image aufbauen zu können, suchte Tom das Gespräch mit jedem einzelnen und spielte seine große Stärke aus – das Zuhören.

> **Gerade in schwierigen Fällen half dem Berater seine größte Stärke: das Zuhören.**

Dass er wirklich an den Belangen der Betroffenen interessiert war, sprach sich schnell herum. Entsprechend offen gingen diese in die Gespräche, und Tom kam an Informationen heran, die ein Vorgesetzter nie erhalten hätte. Mit der Zeit sahen ihn die Menschen auch als das, was er letztendlich war: ein Begleiter durch eine harte Zeit, der die für sie passende Strategie entwickelte, die ihnen wieder festen Boden unter den Füßen geben sollte.

So arbeitet Tom mittlerweile seit über 15 Jahren eng mit Menschen zusammen, und sein Erfolg in den Projekten hat sich herumgesprochen. Jedes dieser Projekte ist anders. Jedes verlangt eine völlig individuelle Herangehensweise, und das ist genau der Grund, warum Tom seinen Job so liebt. Er kann etwas bewegen, das für die Nachwelt von Nutzen sein kann.

Auch dieser Tag verspricht, interessant zu werden, denn in etwa einer Stunde wird er sich mit einem neuen Kunden treffen – eine weitere Empfehlung. Also schwingt er sich aus seinem Bett und geht ins Badezimmer.

Der Boden dort ist angenehm warm, das Licht schmeichelt den Augen und der Blick aus dem Fenster schafft es ebenfalls nicht, ihm die Laune zu vermiesen. Schließlich soll sich das Wetter ja bessern, der Joggingrunde heute Abend wird also nichts im Wege stehen. Nicht, dass er ein Schönwetterläufer wäre, aber angenehmer ist es doch, trockenen Fußes durch den Wald zu kommen, statt nass bis auf die Knochen zu werden.

Tom schaut in den Spiegel. Seine 45 Jahre hinterlassen langsam, aber sicher ihre Spuren. »Das macht dich interessanter«, hört er in Gedanken Marie sagen, die immer mit einem Schmunzeln im Gesicht seine kritischen Blicke in den Spiegel beobachtet. Sie hat gut reden mit ihren 38. Tom schiebt den Gedanken beiseite und aktiviert mit seiner Stimme das Display des Spiegels, denn er lässt sich während des Rasierens immer gerne die aktuellen Tagesnachrichten vorlesen, die Sonja natürlich schon vorgefiltert hat, sodass ihn nur die Meldungen erreichen, die ihn wirklich interessieren. Eine Meldung weckt in besonderer Weise seine Aufmerksamkeit, und er bittet Sonja, weitere Informationen dazu zu suchen und ihm diese nachher auf der Autofahrt abzuspielen, denn jetzt ist Duschen angesagt, und dabei hört er nun mal am liebsten Musik.

Die Digitalisierung ist in Toms Welt längst selbstverständlich, und das Schöne daran ist, dass sich die Angebote individuell auf ihre Nutzer einstellen lassen. Marie und Tom mögen lieber einen langsamen Start in den Tag, der noch nicht mit allzu vielen Informationen vollgepackt ist. Toms Berater-Freund Sebastian ist da ganz anders: Wenn der morgens aufsteht, lässt er sich permanent mit Informationen füttern, die für ihn in irgendeiner Art im Laufe des Tages interessant sein könnten. Das beginnt mit dem Wecken durch sein Haussystem, das ihm direkt über die News in Kenntnis setzt und auf interessante weiterführende Informationen verweist. Seinen Kaffee trinkt er, während schon die erste Videokonferenz mit einem seiner Kunden in China läuft. Mit seinen chinesischen Kunden kommt Sebastian wunderbar klar. Die schätzen ihn nicht nur wegen seines deutschen Fleißes, sondern auch wegen seiner Gabe, schnell und allumfassend an Informationen zu kommen.

Tom hat auch mal ein Projekt in Zusammenarbeit mit Sebastian durchgeführt und dessen Tugenden kennengelernt. Das Ergebnis aus dieser Zusammenarbeit war eines der besten in seiner beruflichen Laufbahn – aber auch das, was ihn am meisten Anstrengung gekostet hat. Sie reisten damals zusammen nach China und verbrachten viele Stunden gemeinsam beim Kunden, aber auch einige abends an der Hotelbar. Das ist mittlerweile fast zwei Jahre her, und zwischenzeitlich hat sich kein weiteres Projekt dieser Art ergeben. Schade, findet Tom.

Während dieser Zeit hat er Sebastian als Kollegen sehr schätzen gelernt und ihn als Mensch zum Freund gewonnen. Zwar könnte er sich jemanden wie Sebastian nicht als Mitbewohner vorstellen, denn Sebastians Art ist für ihn in gewisser Weise zu anstrengend, doch Sebastian gehört für ihn zu dem engen Kreis von Beratern, denen er ohne mit der Wimper zu zucken einen Verantwortungsbereich abgeben würde, wenn er merkt, dass der Kollege zum Kunden und dessen Anforderungen passt. Diese Art

> **Noch immer fällt es Beratern schwer, sich einzugestehen, dass ein anderer eine bestimmte Herausforderung besser meistern könnte.**

zu denken sucht er bei vielen seiner Berater-Kollegen immer noch vergebens. Für die meisten ist es weiterhin wichtig, das größte Stück, wenn nicht sogar die ganze Torte abzubekommen, statt zuzugeben, dass sie jemanden kennen, der sich besser für diese eine Anforderung eignet. Zwar hat sich das in den vergangenen fünf bis zehn Jahren schon erheblich gebessert, doch haben die meisten Berater-Kollegen noch immer ein Problem damit, sich einzugestehen, dass sie nicht alles wissen. Sebastian mag zwar auf seine Art anstrengend sein, aber er ist jemand, dem man blind vertrauen und auf den man sich verlassen kann.

Auf dem Weg zur Kaffeemaschine, bei der Sonja schon dafür gesorgt hat, dass Toms Kaffee nach seinem Gusto zubereitet wird (er mag es, wenn der Kaffee schon einen Moment fertig gebrüht gestanden hat), erhält er eine Videobotschaft von Sebastian, die er sich über sein Haussystem in 3D in seine Wohnküche projizieren lässt.

Sebastian ist kein Typ, der anruft, nur um Small Talk zu halten. Er hat immer einen triftigen Grund, denn ihm ist seine Zeit zu kostbar, um sie mit Nichtigkeiten zu verplempern. Es muss sich also um etwas Interessantes handeln. Umso gespannter ist Tom nun. Und mit seinen Erwartungen scheint er voll ins Schwarze getroffen zu haben, denn Sebastian kommt sofort auf den Punkt:

»Hey, Tom, long time no see! Lust auf ein kleines neues Projekt? Ich habe hier einen Change am Haken und festgestellt, dass es in der Führungsetage interne Unstimmigkeiten gibt, die das Ganze auf ziemlich wackeligen Beinen stehen lassen. Da müsste mal ein Experte ran, und da dachte ich eben an dich!«

Mit einem breiten Grinsen steht Sebastian nun, mit seinem roten Hemd über die Jeans hängend und Chucks an den Füßen, in Toms Wohnküche und kennt eigentlich schon die Antwort. Tom steht mit einem ebenso breiten Grinsen vor der 3D-Projektion und muss an die gemeinsame Zeit mit seinem Freund damals in China denken. Sebastian kam schon immer gut bei den Kunden an. Besonders deshalb, weil er durch sein Wesen so gut mit den Mitarbeitern seiner Auftraggeber zurechtkommt und irgendwie immer einen Draht zu ihnen hat. Er hat schon so manches Veränderungsprojekt gewuppt und sich bei Bedarf die richtigen Partner zur Seite genommen. Mit Tom kam er damals zusammen, weil ihm dieser als Spezialist für Veränderungsthemen empfohlen wurde. Das daraus resultierende Projekt zeigte dann, dass Sebastian für seinen Kunden wieder mal den richtigen Riecher gehabt hatte. Er beherrscht den Blick über den Tellerrand, sieht den Kunden in seiner Gesamtheit und holt sich für seine Projekte immer die für die Situation passenden Partner, wenn etwas ansteht, das nicht mehr unter sein Spezialgebiet fällt. Er ist schon etwas Besonderes, und Tom freut sich, dass er nun wieder an ihn gedacht hat:

»Hey, Sebastian. Toll, dich wieder mal zu sehen! Bin gerne dabei – ich wollte heute Abend 'ne Runde joggen. Hast du Lust mitzukommen? Dann reden wir drüber.«

»Sekunde ...«, Sebastian schaut kurz skeptisch zur Seite und verschafft sich einen Überblick über seine heute anstehenden Termine. Gleich darauf gibt sein Gesichtsausdruck Entwarnung: »Jep, das klappt, wenn wir uns um sieben bei dir treffen können. Passt das?«

»Passt. Prima. Dann bis später. Sauna danach?«

»Yessss!« – und weg ist er.

Typisch Sebastian. Tom freut sich darauf, seinen Berater-Freund später zu treffen und ebenso sehr auf die Informationen, die er bekommen wird. Natürlich könnten sie auch per Video über das Projekt sprechen, schließlich bietet die heutige Technik alle Möglichkeiten dazu. Und doch haben persönliche Gespräche das gewisse Etwas, das eine 3D-Projektion oder andere Videokonferenzen niemals bieten können.

Genau dieses Thema, der Unterschied zwischen realen Treffen und der Kommunikation über elektronische Medien, hat den bekannten Hirnforscher Prof. Dr. Dr. Manfred Spitzer schon in den späten 1990er-Jahren beschäftigt. In vielen Studien hat er herausgefunden, dass in klassischen Meetings eine andere Form von Energie in der Luft liegt – und die veranlasst Menschen dazu, ganz anders miteinander umzugehen als in Videokonferenzen. Zwar hat Tom oft gar keine andere Möglichkeit, als digital mit seinen Kunden Informationen und Neuigkeiten auszutauschen, weil diese meist viel zu beschäftigt sind, um sich persönlich mit ihrem Berater zu treffen. Trotzdem bevorzugt er die klassische Variante, und zwar vor allem in solchen Situationen, in denen das Zwischenmenschliche gefragt ist. Schließlich ist die Nachfrage nach empathischen Fachexperten besonders in den letzten zehn Jahren rapide gestiegen.

> **Gefragt ist eine Kombination aus Empathie und Fachwissen.**

Viele Kollegen aus seiner Branche haben diese Anforderungen nicht erfüllen können oder nicht erfüllen wollen. Manche haben versucht, auf den Erfolgszug anderer aufzuspringen, und sind dann kläglich gescheitert, weil sie nicht die Fachexpertise vorweisen konnten, die von ihnen erwartet wurde. Andere hatten nicht den nötigen Allroundblick, um Situationen ganzheitlich bewerten zu können, und sind mit ihrer Strategie in die falsche Richtung gelaufen – was nicht nur die Existenz der Kunden aufs Spiel setzte, sondern auch ihre eigene Reputation ins Wanken brachte. Wieder andere konnten sich nicht auf Kundenebene begeben. Es gelang ihnen einfach nicht, den Worten ihres Auftraggebers ihre ganze Aufmerksamkeit zu schenken, und so entging ihnen schlichtweg das wirkliche Bedürfnis, das sie hätten stillen sollen.

Doch es gab und gibt auch solche Berater wie ihn oder Sebastian – Berater, die offenbar ein Händchen für ihre Kunden haben. Die zuhören können. Die schnell erfassen können, wie der Kunde und seine Welt ineinandergreifen und miteinander verwoben sind. Diese Berater verstehen, dass eine Handlung oder Veränderung an irgendeiner Stelle wieder Auswirkungen auf ganz viele andere Stellen in diesem Geflecht haben kann. Sie holen sich andere Spezialisten dazu, wenn sie merken, dass ihre Qualitäten allein für die Anforderungen der Kunden nicht ausreichen. All dies sind Fähigkeiten, die heute mehr denn je gefragt sind, und ohne die eine aufrichtige, gewinnende Beratung überhaupt nicht mehr möglich ist.

Das Haussystem reißt Tom aus seinen Gedanken und erinnert ihn an seine anstehenden Termine für diesen Tag und die verbleibende Zeit bis zu seinem ersten Termin für heute mit dem potenziellen Neukunden Gerhard Fischer. Das Treffen mit Sebastian ist bereits berücksichtigt und Sonja schlägt aufgrund dessen eine kleine Ablaufänderung vor. Die Haussysteme sind mittlerweile so ausgeklügelt, dass sie nicht nur die Stimme des Hausbesitzers erkennen, sondern auch an dessen Stimmlage bemerken, ob er gut drauf oder eher angespannt ist, sich auf etwas freut oder eher abgeneigt ist. Sie erkennen und aktualisieren also permanent die Veränderungen der Menschen. Sonja zum Beispiel weiß, wie wichtig Tom das Treffen mit Sebastian am Abend ist, und hat deshalb direkt einen noch für diesen Tag geplanten Termin auf einen anderen Tag verlegt. Was Sonja mit Sicherheit nicht verlegen wird, ist der abendliche Video-Call von Marie aus Rom. Dafür würde sie Tom sogar in der Sauna stören.

Wie immer schmeckt der Kaffee genial, und das Croissant, das im automatischen Backsystem zwischenzeitlich fertig geworden ist, duftet lecker. Sein Croissant mag Tom am liebsten noch richtig heiß, sodass die Butter nur so weg schmilzt. Sonja fragt, ob sie alle nötigen Daten zu Gerhard Fischer zusammenstellen und für das Meeting nachher aufbereiten soll, während Tom mit Genuss in sein Croissant beißt. »Ja bitte, und stell mir das Ganze dann für die Fahrt ins MeetingCenter zur Verfügung.«

Die meisten Berater haben heute kein zentrales Büro mehr. Vielmehr mieten sie sich Räumlichkeiten in sogenannten MeetingCentern, die es mittlerweile in jeder Stadt gibt. Diese Gebäude stehen Einzelpersonen oder auch ganzen Firmensparten für den gebuchten Zeitraum zur Verfügung und ermöglichen einen Aufenthalt in jeder beliebigen Stadt – zum Beispiel für die Dauer eines Projekts. Auch Tom hat für das erste Kennenlerngespräch mit Gerhard Fischer heute einen Raum dort gebucht. So weit er weiß, nutzen alle Berater heutzutage diese Möglichkeit, weil man auf diese Weise repräsentative Räume zur Verfügung hat, in denen man Kundengespräche face to face führen, Meetings abhalten oder einfach nur ungestört arbeiten kann – und das mit allem Komfort, den auch ein Hotel bietet. Denn diese MeetingCenter sind optimal ausgestattet. Sie haben neben den technischen Mindestanforderungen auch einen Catering-Service und bieten für weit angereiste Kunden Übernachtungsmöglichkeiten. Sollte es Belegungsengpässe geben, kümmert sich das zentrale Managementsystem um Ausweichmöglichkeiten und organisiert auch einen direkten Fahrservice zur Unterkunft.

MeetingCenter sind meist zentral gelegen, sodass man bei Bedarf auch alle Vorzüge der Stadt genießen kann, in der man sich gerade befindet. Geschäfte sind schließlich nicht allein auf ein Büro beschränkt, und gerade außerhalb der früher üblichen vier Wände lassen sich oft tolle Ideen entwickeln. Tom kennt seinen Gesprächspartner noch nicht und möchte sich gerne die Option offenhalten, das Gespräch in den nahe gelegenen Park oder eventuell in ein Café zu verlegen.

Kundengespräche finden nicht nur im Meeting-Raum statt, sondern auch in Cafés oder beim Spaziergang im Park.

Sonja informiert ihn, dass nun alle Daten zur Verfügung stehen und auf das CarSystem überspielt sind. Sie fordert ihn auf, jetzt das Haus zu verlassen, um pünktlich zu seinem Meeting zu erscheinen, denn laut Berechnung des aktuellen Verkehrsflusses wird die Fahrt genau 24 Minuten dauern. Tom trinkt den letzten Schluck Kaffee, schnappt sich sein mobiles Display, durch das er auch unterwegs mit seinem Haussystem verbunden ist, und begibt sich zu seinem CarSystem – früher auch Auto genannt.

Als er in seinem Sitz Platz nimmt und auf den Joystick vor sich schaut, muss Tom an die Zeit zurückdenken, in der das CarSystem auf den Markt kam. Das ist noch gar nicht so lange her, und seine erste Schulungsfahrt ohne Gaspedal, Bremse und Kupplung im Fußraum bereitete ihm zu Beginn einige Probleme. Jeder mit einem klassischen Führerschein musste erst einmal

Schulungsfahrten absolvieren, denn mit dem neu eingeführten Computersystem änderte sich auch das gesamte Fahrverhalten. Passiert man mit seinem CarSystem zum Beispiel eine Stadtgrenze, passt sich das System automatisch an die dort vorgegebene Geschwindigkeit an, und der Fahrer kann sich entspannt zurücklehnen. Damit hat man einen Weg gefunden, Staus auf ein Minimum zu reduzieren, weil alle in der gleichen Geschwindigkeit unterwegs sind. Auch das zeitverzögerte Anfahren an Ampelanlagen wurde dadurch eliminiert. Notorische Linksfahrer, die einst den Verkehr unnötig blockierten, gehören damit ebenso der Vergangenheit an wie Verkehrsunfälle wegen Unachtsamkeit oder zu dichten Auffahrens.

Außerhalb der Stadt konnte man entweder selbst steuern oder sich auch dort der automatisierten Steuerung anvertrauen. Mittlerweile nutzen die meisten Menschen das CarSystem zum Fahren, denn auf diese Weise kann die Zeit auf der Straße sinnvoll genutzt werden. Tom findet, dass dieser Fortschritt schon längst überfällig war, denn das immer größer werdende Verkehrsaufkommen sorgte auch für einen Anstieg der Unfallzahlen. Besonders problematisch war damals laut Statistik die stark wachsende Zahl von Unfällen aufgrund der Nutzung von Mobiltelefonen während der Autofahrt. Selbst hohe Geldbußen brachten die Leute nicht dazu, sich eine Freisprecheinrichtung anzuschaffen. Heute ist das absolut kein Problem mehr. Im Gegenteil: Es ist amüsant, einen Blick in vorbeifahrende CarSysteme zu werfen, denn deren Fahrer nutzen die Zeit auf der Straße gerne zur Newsabfrage, für den Small Talk per Videoschaltung oder einfach, um sich entspannt das Geschehen neben der Straße anzuschauen oder nach einer etwas zu kurzen Nacht Schlaf nachzuholen.

Mit dem Schließen der Tür aktiviert Tom sein CarSystem, in das Sonja schon die Zieldaten eingespeist hat, und steuert aus der Auffahrt auf die Straße. Die Fahrt bis zur Stadtgrenze dauert nur knapp zehn Minuten – die fährt er eigenhändig. Danach übernimmt sowieso der Autopilot, und Tom hat noch genügend Zeit, sich den Input über seinen potenziellen Neukunden abspielen zu lassen. Die Informationen, die er hier bekommt, beschränken sich allerdings auf das, was in Datenbanken über Gerhard Fischer zu finden ist: seinen Berufsstand, seine Position, seinen Werdegang mit Abschlüssen, seine Ausbildungen, Fort- und Weiterbildungen sowie Wohnort, Familienstand, Hobbies, Ehrenämter etc. Doch auch das erleichtert den Erstkontakt schon erheblich. Wo Gerhard Fischer dann letztendlich der Schuh drückt, wird Tom schon noch früh genug erfahren.

Pünktlich im MeetingCenter angekommen, wird das CarSystem zu einem freien Parkplatz geleitet. Tom schnappt sich sein mobiles Display und steigt aus. Damit verschließt sich sein Gefährt automatisch. Auf dem Weg zum Aufzug erinnert Sonja ihn an den Geburtstag seiner Frau kommende Woche Montag und daran, dass er sich heute Nachmittag die Auswahlliste an Geschenken ansehen soll, damit das ausgewählte Präsent noch vor ihrer Rückkehr aus Rom angeliefert werden kann.

»Oh super, danke! Denke auch bitte daran, dass Marie dieses Musical in Venedig gerne sehen würde, von dem sie letzte Woche gesprochen hat.«

»Das habe ich selbstverständlich schon für die Favoritenliste berücksichtigt.« Sonja ist eben einfach ein Genie!

Eigentlich hat sich Tom schon längst entschieden, dass Marie die Musicalkarten von ihm bekommen soll. Nichtsdestotrotz möchte er sich später auch gerne noch die anderen Vorschläge ansehen, die Sonja auf ihre Liste gepackt hat. Man kann ja nie wissen, was das Haussystem noch so alles aufgeschnappt hat, wovon man nicht die leiseste Ahnung hat.

Mit der Einfahrt in den Parkbereich des MeetingCenters wurde Tom dort im System registriert. Er hatte sich für heute eingebucht und erhält somit Einlass in das Gebäude. Bei seiner Buchung hat er auch den Namen seines Gesprächspartners registrieren lassen, denn nur angemeldete Personen dürfen das MeetingCenter betreten. Damit wird zum einen der Missbrauch der Räume vermieden und zum anderen werden den Kunden immer eine hochwertige Ausstattung und sicheres Arbeiten garantiert.

Das Gebäude verfügt über ein ausgeklügeltes Aufzugsystem, das die Möglichkeit bietet, die Menschen so nah wie möglich an ihren Zielpunkt zu bringen. Aus diesem Grund sind die Kabinen auch eher klein gehalten, denn es gibt keinen Zwischenstopp zum Zu- oder Aussteigen und nur die Personen, die zum selben Zielort wollen, steigen gemeinsam in eine Kabine ein. Damit verringert sich die Transportzeit erheblich. Außerdem ist man nicht mit wildfremden Menschen auf engstem Raum zusammengepfercht.

»Willkommen, Herr Faber. Schön, Sie wieder bei uns zu haben. Sie sind heute im Bereich 2503«, begrüßt eine freundliche Frauenstimme Tom, als sich die Türen des Aufzugs schließen. Gleichzeitig wird die Raumnummer auf dem installierten Display angezeigt.

»Wenn Sie Interesse an unserem heutigen Lunchangebot haben, informiere ich Sie gerne jetzt darüber. Bestätigen Sie bitte einfach kurz mit ›Ja‹.«

»Eventuell später, vielen Dank!«

Da Tom noch nicht genau weiß, wo er mit seinem Klienten den Mittag verbringen wird, möchte er sich dahingehend noch nicht festlegen. Kurz bevor er sein Zielstockwerk erreicht, wird ihm der Weg zu seinem Raum erklärt, der auch gleichzeitig zusätzlich auf dem Display abgebildet wird. »Bitte steigen Sie nach links aus. Ihr Bereich befindet sich bei der letzten Tür auf der rechten Seite. Wir wünschen Ihnen einen angenehmen Aufenthalt, Herr Faber.« Tom folgt der Anweisung und läuft den Gang entlang. Auf dem Weg passiert er zwei digitale Informationstafeln, deren Programm man nach eigenem Gusto wählen kann. Hat keiner der Hausgäste etwas ausgewählt, wechseln sich Landschaftsbilder aus allen Teilen der Welt in festgelegtem Rhythmus ab.

Nun bittet Tom sein System Sonja, ab jetzt so lange nichts mehr zu übermitteln, bis er wieder das Okay dazu gibt. Es ist ihm wichtig, dass er sich voll und ganz auf seinen Gesprächspartner einstellen kann. Irgendwelche Mitteilungen würden ihn dabei nur ablenken und seine Konzentration auf das im Moment Wesentliche stören. Später würde genügend Zeit sein, das Verpasste nachzuholen. Sobald Tom Raum 2503 erreicht, öffnet sich die Tür automatisch. Es ist immer noch ein wenig Zeit, sich in den angemieteten Räumen kurz einzurichten. Das Überprüfen der bereitgestellten Geräte auf Vollständigkeit kann er sich sparen, denn alle Räume sind mit der Standard-Mindestausstattung bestückt. Und viel mehr braucht man auch nicht.

Während des Gesprächs möchte der Berater ungestört sein, um sich ganz auf das Wesentliche konzentrieren zu können.

Als Tom den Eingangsbereich seiner beiden Räume betritt, ist er sichtlich erfreut: Sein Wunsch nach einem Eckraum, der zwei Fensterfronten hat, konnte bei der Buchung tatsächlich berücksichtigt werden. Der Blick vom 25. Stock ist an sich schon beeindruckend, und heute hat der Raum auch noch Süd-Ost-Ausrichtung ... einfach atemberaubend!

Für eine Weile genießt er einfach den Ausblick, nachdem er sein mobiles Display auf dem Tisch in der Mitte des Raums abgelegt hat. Dieser größere der beiden Räume hat neben einem nicht zu großen, ovalen Tisch mit integriertem Touch-Display und vier superbequem aussehenden Sesseln drum herum auch noch eine große illuminierte Ablagefläche links an der Wand direkt neben der Tür zur Gangseite. Etwas weiter daneben steht über Eck, und zum Teil die östliche Fensterfront einnehmend, eine wirklich sehr interessant konzipierte Designercouch, rechts und links umrahmt von je einer großen exotischen Pflanze. Zu seiner Rechten befindet sich, direkt an die südliche Fensterfront angrenzend, eine große, helle Wandfläche, die für Videoprojektionen in 2D genutzt werden kann, während der Platz davor für 3D-Darstellungen zur Verfügung steht. Gleich daneben führt ein Durchgang zum zweiten, kleineren Raum, in dem eine Servicezeile für Kaffee, ein Kühlschrank sowie Vorräte zur Verfügung stehen und wo sich die Tür zur Toilette befindet. Tom hätte auch einen einzigen Raum bekommen können, in den diese Annehmlichkeiten ebenfalls integriert sind, aber er findet es so einfach besser.

Es klopft an der Tür. Ein kurzer Blick auf die Uhr bestätigt ihm, dass sein Gesprächspartner pünktlich ist. Das findet Tom schon mal gut. Als er die Tür öffnet, schaut ihn ein freundlich lächelndes Gesicht an.

»Gerhard Fischer. Freut mich, Sie kennenzulernen, Herr Faber.«

Tom reicht seine Hand zur Begrüßung. »Die Freude ist ganz auf meiner Seite. Bitte kommen Sie herein. Ich hoffe, Sie hatten eine angenehme Anreise.«

Gerhard Fischer erwidert die Begrüßung und bedankt sich dafür, dass es so kurzfristig mit dem Treffen geklappt hat. Für Tom war es bereits bei der Terminabsprache offensichtlich, dass Gerhard Fischer etwas im Nacken saß, über das er so schnell wie möglich reden wollte.

»Bevor wir gleich über Ihr Anliegen sprechen, Herr Fischer, würde ich Sie bitten, mir Ihr YOU frei zu schalten, damit wir uns besser kennenlernen können.«

Toms Klient ist sichtlich erleichtert, dass das Ganze auf dieser Ebene stattfinden wird. YOU ist eine ganz besondere Erfindung. Es ist so etwas wie eine Identitäts-DNA, die sowohl das Wertesystem als auch die Motivatoren der Person enthält, die sie trägt. YOU hat die Form eines Chips, der entweder als Armband oder Kette getragen wird, und kann bei Bedarf für eine weitere Person freigeschaltet werden, um ihr den Zugriff zu ermöglichen.

Mit YOU sind völlig neue Möglichkeiten des gegenseitigen Verständnisses entstanden. Im geschäftlichen Kontext hilft YOU beispielsweise, dass sich Geschäftspartner besser kennenlernen, dass Wünsche und Bedürfnisse besser verstanden und berücksichtigt werden oder dass man sehen kann, ob die Voraussetzungen, um für beide Seiten gewinnbringende Prozesse in die Wege zu leiten, überhaupt vorhanden sind. Im privaten Bereich lassen sich Eltern-Kind-Beziehungen durch YOU ebenso verbessern wie Lehrer-Schüler- oder Freund-Freund-Verhältnisse.

YOU war zunächst einmal auf heftigen Widerstand gestoßen, da man fand, dass der Mensch damit noch »gläserner« würde. Tom sah das keineswegs so, denn seit dem Facebook-Boom hatte sowieso schon fast jeder sein Leben der Öffentlichkeit auf einem Silbertablett präsentiert. Damals wurden oft unüberlegt Bilder gepostet und Mitteilungen geschrieben, die die ganze Welt einsehen und lesen konnte. Noch bevor man entschieden hatte, ein unangemessenes Bild doch besser zu löschen, war es bereits hundertfach verbreitet worden. Auch Bankdaten wie Konto- oder Kreditkartennummern gab man schon vor 15 Jahren ohne mit der Wimper zu zucken in ein System ein und vertraute blind darauf, dass Onlineshop-Betreiber diese zuverlässig geheim halten würden. Die ganze Aufregung rund um YOU erschien Tom daher von Anfang an völlig übertrieben. Er fand die Idee hinter YOU sehr ausgereift und begrüßte die Umsetzung für jedermann, denn er arbeitete sowieso schon längst auf diese Art und Weise mit seinen Klienten. Nur war diese Arbeitsweise damals noch mit viel Aufwand verbunden, denn neben zahlreichen Tests, die durch die umfangreiche Fragestellung und deren Auswertung zeitaufwändig waren, dauerten auch die Kennenlerngespräche an sich viel länger.

> Die Technik macht es möglich, schnell das Wertesystem und die Motivatoren des Gegenübers kennenzulernen.

Für YOU musste man dagegen nur einmal zehn Fragebögen angehen, und die Ergebnisse daraus wurden übersichtlich und für jeden verständlich »verpackt«. Im Chip-Format gespeichert, waren die Daten sicher vor Missbrauch, denn der Owner musste erst sein eindeutiges Einverständnis zur Freigabe seiner Identitäts-DNA geben.

Auch die Tatsache, dass sich Menschen permanent weiterentwickeln, wurde bei YOU berücksichtigt. Wenn sich zum Beispiel Werte in ihrer Gewichtung verlagern, wird das vom System erkannt und die Identitäts-DNA wird entsprechend angepasst.

Die Idee dafür war schon im Jahr 2014 entstanden. Damals hatte es sich in der Coaching- und Beraterbranche etabliert, dass ein Weiterbildner seinen Klienten zuallererst Tests machen lässt, die dessen Lebensmotive und Werte herausarbeiten und nachvollziehbar darstellen. Der Berater konnte auf diese Weise erfahren, wofür das Herz seines Klienten schlägt, was ihn antreibt und was ihm die Energie gibt, um seinen Job und seinen Alltag zu meistern. Außerdem erfuhr er, welche Werte für den Klienten von elementarer Bedeutung sind und welche Werte er lebt. Daraus konnte der Berater dann ableiten, was sich zum Beispiel beim Klienten verändern muss, damit seine Umwelt und sein Wertesystem zusammenpassen.

Das Thema der Passung war im Grunde genommen schon immer ungeheuer wichtig. Es ist verantwortlich dafür, welche Freunde man sich aussucht, bei welchem Arbeitgeber und in welchem Beruf man arbeitet, welcher Partner der richtige ist und welche Freizeitbeschäftigung einem Spaß macht. Menschen umgeben sich immer am liebsten mit solchen Menschen, die ihrem eigenen Wertesystem am nächsten sind. Diese Auswahl findet im Unterbewusstsein statt und konnte bis vor etwa zehn Jahren nicht für jedermann verständlich erklärt werden. Damals hatte man erkannt, wie wichtig diese Zusammenhänge sind, und damit begonnen, das Wissen um Wertesysteme überall dort einzusetzen, wo es um die Arbeit mit Menschen ging, wie beispielsweise im Coaching und der Beratung. Also überall dort, wo es wichtig war, die Identität eines Menschen zu kennen.

Zu dieser Zeit gab es einen regelrechten Run auf Berater, die eine Betrachtung der Identität als Grundlage für ihre Arbeit mit Klienten heranzogen, denn ihre Ergebnisse waren schlichtweg unschlagbar.

Während die entsprechenden Tests damals ausschließlich im beruflichen Bereich genutzt wurden, etwa um herauszufinden, ob jemand überhaupt den für ihn richtigen Job ausübte, ob ein Mitarbeiter in ein Team mit einer bestimmten Aufgabenstellung passte oder ob jemand beim Thema Selbstmarketing überhaupt auf *seinem* Gebiet unterwegs war, haben sich heute die Einsatzgebiete von YOU auf nahezu alle Bereiche des Lebens ausgeweitet. Kommt heute ein Interessent in ein Autohaus, weiß der Verkäufer innerhalb kürzester Zeit, was dem Kunden wichtig ist. Ein Verkaufsgespräch kann so individuell wie nie zuvor und äußerst zielorientiert geführt werden. Das spart auch lästige Floskeln, die sowieso niemand mehr hören kann, und damit kostbare Zeit. Das Gleiche gilt für alltägliche Einkäufe: Betritt ein Kunde einen Supermarkt, werden ihm nur solche tagesaktuellen Angebote vorgestellt, die ihn interessieren. Macht er eventuell gerade eine Kur, die eine ausgewogene Ernährung mit frischen Lebensmitteln in Bio-Qualität erfordert, wird ihm also kein 500-Gramm-Glas Nutella angepriesen, das diese Woche besonders günstig zu haben ist.

Auch bei essenziell wichtigen Dienstleistungen wie etwa bei der Behandlung von Erkrankungen hat sich mithilfe von YOU einiges verbessert. Der Patient kann auf diese Art und Weise viel einfacher einen Arzt finden, der ihn versteht, denn auch bei Gesundheitsthemen ist Vertrauen unschätzbar wichtig. Anders herum kann der Arzt mithilfe von YOU viel treffendere Ratschläge geben, da er weiß, was seinem Patienten wichtig ist.

Heute ist YOU gar nicht mehr aus dem täglichen Leben wegzudenken. Die ganzen Annehmlichkeiten, die mit der Identitäts-DNA verbunden sind, haben den Alltag erheblich erleichtert. Auch der Krankenstand konnte damit auf ein noch nie dagewesenes Level gesenkt werden, weil es mittlerweile praktisch keine Burn-out-Patienten mehr gibt. Trotz der Schnelllebigkeit und der gestiegenen Technisierung leiden die Menschen heute kaum mehr an Überforderung. Was fast unglaublich klingt, ist eine Errungenschaft von YOU.

> **Das Wissen um individuelle Werte erleichtert die zwischenmenschliche Interaktion in vielen Lebensbereichen.**

Die Erklärung dafür ist einfach: Heutzutage sitzt jeder an einem Arbeitsplatz, der zu ihm passt – mehr noch: der ihn erfüllt. Das beginnt schon bei der Jobsuche und geht bis zum Vorstellungsgespräch. Der Fachkräftemangel und der steigende Krankenstand waren in den letzten Jahren vor der Einführung von YOU zu einem riesengroßen Dilemma für Unternehmen geworden. Die hatten nämlich extrem hohe Ausgaben, weil ihnen die guten Mitarbeiter wegbrachen. Um diese Löcher zu stopfen, mussten teilweise andere Mitarbeiter mehr Aufgaben übernehmen, oder neue Leute mussten eingearbeitet werden, was neben viel Geld auch viel Zeit kostete. Zugleich verließen Fachkräfte ihre Arbeitgeber, um sich nach attraktiveren Jobs umzuschauen, die ihnen individuell mehr bieten konnten. Gehalt war dabei nicht Thema Nummer eins. Vielmehr ging es um weiche Faktoren, und die Mitarbeiter fragten sich primär:

- Passt die Unternehmenskultur zu meinen Werten?
- Wie passen meine Familie und die beruflichen Anforderungen zusammen?
- Inwieweit werde ich unterstützt, wenn ich in eine andere Stadt ziehen muss?
- Kann ich hier eigenverantwortlich arbeiten, und habe ich Weiterentwicklungsmöglichkeiten?

In diesem Zusammenhang erinnert sich Tom an die Geschichte einer Unternehmensgründung im Jahr 2009, zur Zeit des Social-Network-Booms. Es ist die Story von Wooga, einem Start-up, das Social Games und Mobile Games entwickelt. Dessen Gründer Jens Begemann war schon in jungen Jahren leidenschaftlicher Gamer und hatte mit Anfang 30 diese Leidenschaft zum Beruf gemacht. Begemanns lang gehegter Wunsch und innerer Antrieb war es, etwas Eigenes zu verwirklichen. Etwas zu erschaffen und aufzubauen, wo vorher nichts gewesen war. Und es ging ihm darum, sein eigener Herr sein zu können. Innerhalb von fünf Jahren hatte er zusammen mit seinem Geschäftspartner Philipp Moeser eine »Spiele-Entwicklungsbude« aufgebaut, die im Jahr 2014 schon 260 Mitarbeiter beschäftigte, und damit seinen Traum vom eigenen Unternehmen realisiert.

Die ständige Herausforderung für Wooga war es, die Top-Talente der Welt zu bekommen und sie dann auch zu halten. Anfangs hatte man dort nicht gleich erkannt, worum es den *Talents* primär ging. Das hatte dazu geführt, dass man nach aufwändiger, teurer Suche schon bald wieder auf diese verzichten musste. Auf die Frage, warum sie weggehen wollten, kam heraus, dass es nicht am Arbeitsplatz lag. Sie waren mit dem Chef zufrieden, fanden ihre Kollegen toll und dachten ebenso über die Firma selbst. Der Grund musste also ein anderer sein. Aber wo war das Problem? Bis man das bei Wooga herausfand, musste teures Lehrgeld gezahlt werden.

Die Personalverantwortlichen hörten daher genauer hin und fanden erheblichen Verbesserungsbedarf an ganz unerwarteter Stelle: Da ein Großteil der Top-Talente aus dem Ausland kam, ging es zuallererst einmal um den Umzug, der vom Arbeitgeber mit gemanagt werden musste. Das »Onboarding-Team« von Wooga kümmerte sich sowieso um Arbeitserlaubnis, Visa und die ganze weitere bürokratische Unterstützung für die Neuankömmlinge. Allerdings wurde nach genauerem Hinhören deutlich, dass das allein keine große Hilfe war, wenn der neue Mitarbeiter vor der Herausforderung stand, sich während der Probezeit und ohne Deutschkenntnisse eine Wohnung zu suchen. Es blieb ihm dann gar keine Zeit, sich voll auf den neuen Job zu konzentrieren. Somit war klar, dass die Unterstützung der Mitarbeiter auf dieser Ebene unbedingt optimiert werden musste. Das hatte Wooga geschafft, indem es den Neuen für die ersten sechs bis acht Wochen kostenlose Wohnungen zur Verfügung gestellt hatte. Ihnen wurde damit eine große Last von den Schultern genommen, und sie konnten sich primär um ihren neuen Job kümmern. Es ging hier also darum, herauszufinden, was gegeben sein muss, um seinen Mitarbeitern die besten Bedingungen für ideales Arbeiten zu bieten.

Und Tom fiel noch ein weiteres Beispiel ein: Auch der Werkzeugmaschinen- und Lasertechnikhersteller TRUMPF hatte sich mit der Zeit mehr und mehr an den Wünschen der Mitarbeiter orientiert, zum Beispiel, was deren Arbeitszeit betrifft. Während Überstunden dort früher auf ein Guthabenkonto überführt wurden, das in Zeiten mit weniger Aufträgen »angezapft« werden konnte und somit beim Lohn Kontinuität garantierte, wurde das System später an die individuellen Bedürfnisse der Mitarbeiter angepasst. Wollte jemand zum Beispiel mit einer anderen Stundenzahl arbeiten, weil eine neue Lebenssituation das erforderte, war das bei TRUMPF kein Problem. Das Unternehmen nahm Abstand von seinen veralteten Teilzeitverträgen und schaffte somit mehr Flexibilität.

Die Mitarbeiter bestimmten, wie sie arbeiten.

Die Mitarbeiter bestimmen nun, wie sie arbeiten, und der Arbeitgeber organisiert sich entsprechend. Besonders an die Bedürfnisse junger Fachkräfte passt man sich bei TRUMPF gerne an. Was nützt eine Top-Fachkraft, wenn sie sich durch die Arbeitsbedingungen zu eingeschränkt fühlt, um ihre Leistung voll entfalten zu können? Sie wird früher oder später gehen, weil ihre eigenen Anforderungen nicht zu denen des Unternehmens passen. Flexibilität war also ein Muss – aber das mussten die meisten Firmen erst noch lernen. Viele arbeiten heute noch daran. Das sind die Kunden von Tom.

Tom berührt den YOU-Chip mit dem Daumen: »YOU bitte aktivieren. Empfänger: Gerhard Fischer.«

Mit der Kombination Fingerabdruck und Sprachbefehl hat man den Einwand des möglichen Missbrauchs praktisch ausgeschaltet. Sollte die Stimme nämlich aufgrund von Stress oder Angst verändert sein, würde das System blockieren.

Nun hält Tom seinen Chip am Handgelenk kurz über das mobile Display von Gerhard Fischer und seine Identitäts-DNA wird übertragen. Sein Kunde vollzieht die gleiche Prozedur und beide können damit beginnen, ihren Gesprächspartner richtig kennenzulernen.

Was sich früher über mehrere Stunden hingezogen hat, nimmt hier nur noch etwa fünf Minuten in Anspruch. Während dieser Zeit entspannt sich das Gesicht von Gerhard Fischer zusehends, denn ihm wird mit jeder Minute klarer, dass Tom der Typ Berater ist, den er sich für sich und sein Unternehmen vorgestellt hat. Dieser Berater wird seine Situation verstehen. Er wird sich die nötige Zeit nehmen und das Firmenkonstrukt genauestens kennenlernen wollen. Er wird die Mitarbeiter einbeziehen, sich dabei mit ihnen auf eine Ebene begeben können und ihnen als Unterstützer zur Seite stehen. Für ihn als Geschäftsführer wird Tom als Sparringspartner da sein und diesen

Job so lange durchziehen, bis sich die Wogen geglättet haben und er seinen Posten wieder allein bewältigen kann.

Noch ist aber, da lässt sich nichts schön reden, die Kacke am dampfen, und Gerhard Fischer kommt direkt auf den Punkt, indem er sein Display startet und die aktuelle Situation seines Unternehmens in einer 3D-Darstellung präsentiert.

Gerhard Fischer ist seit rund 50 Jahren ein sehr erfolgreicher Hersteller von Schwerlastkränen. Das Unternehmen hatte Gerhard Fischers Vater aufgebaut, und er selbst stieg vor knapp 20 Jahren mit ins Geschäft ein. Während der Vater noch ausschließlich auf den deutschen Markt fokussiert war, strebte sein Sohn ins Ausland. Im Laufe der Jahre kaufte Fischer Junior weitere Unternehmen in Europa dazu und expandierte schnell. Ungefähr zeitgleich zog sich sein Vater Stück für Stück aus dem Geschäft zurück und hat mittlerweile seinen Ruhestand eingeläutet.

Was aktuell zunehmend zu Problemen führt, ist, dass es mittlerweile keine einheitliche Vertriebsstruktur mehr gibt, der Kundenkontakt sehr unterschiedlich gelebt wird und jede der Firmen praktisch völlig eigenständig agiert. In seinem Unternehmen, der Mutterorganisation, wird die einheitliche Steuerung zunehmend zur Herausforderung, und es kommt zu internen Kommunikationsschwierigkeiten, was sich mittlerweile in Umsatzrückgängen bemerkbar macht.

Die Lage ist ernst. Gerhard Fischer ist sich bewusst, dass Tom eine Aufgabe dieser Größenordnung nicht allein bewältigen kann, was heutzutage allerdings aufgrund der großartigen Vernetzungsmöglichkeiten überhaupt kein Problem darstellt. Es gibt zwar noch große Unternehmensberatungen, die sich schon seit vielen Jahren auf dem Markt behaupten, aber die haben nach wie vor das Problem umfangreicher Mitarbeiterumwälzungen. Branchenneulinge erhalten dort ein fundiertes Grundwissen und eine umfangreiche Ausbildung, gehen aber nur wenige Jahre später ihren individuellen Weg. Es bleiben auch einige – allerdings nur wenige – in diesen großen Beratungsunternehmen, aber das sind auch nur die, die mit den hohen Anforderungen und engen Regeln gut zurechtkommen. Trotzdem rechnet sich das Ganze für die Köpfe der »Consultingschmieden«, denn sie haben die Möglichkeit, »Frischfleisch« mit anderen Denkansätzen von den Unis zu rekrutieren und sich entsprechend zurechtzuziehen. Wer damit als Mitarbeiter nicht klarkommt, kann gehen. Wer darin jedoch genau sein Ding erkennt, wird aufsteigen und ein Vorbild für die Neulinge sein. In erster Linie sind die großen Unternehmensberatungen jedoch ein Sprungbrett für die große weite Berater-Welt mit all ihren Möglichkeiten.

Für Berater wie Tom ist es einfach, sich für ein Projekt die nötigen Fachleute zu besorgen. Nachdem Gerhard Fischer seine Lage geschildert hat, erklärt er seinem Berater seine Sicht der Dinge. Tom lässt ihn dabei ungehindert reden und hört aufmerksam zu. Das ist für seinen Kunden sichtlich eine Entlastung. Er hat bisher niemandem so viel anvertraut, zumindest, was seine eigenen Gefühle und Befürchtungen betrifft. Nicht einmal seinem Vater, der zu Beginn seiner Firmenübernahme immer ein ebenbürtiger Ratgeber war. Doch als dieser sich langsam aus den geschäftlichen Belangen zurückzog, hatte Gerhard Fischer ihn auch immer weniger involviert. Sein Vater hatte schließlich genug geleistet, und die Entscheidung, weiter zu expandieren, hatte der Sohn allein getroffen. Allerdings ohne ausgereiftes Konzept, vielmehr mit großer Entschlussfreude, den zur Verfügung stehenden Mitteln und dem wachsenden Verlangen, noch größer zu werden.

Der Berater kann die nötigen Fachleute für das Projekt besorgen.

Mittlerweile jedoch hält Gerhard Fischer das Ruder nicht mehr allein in der Hand und muss sich mit unterschiedlichen Kulturen und deren Eigenheiten auseinandersetzen – darüber hatte er sich im Vorfeld gar keine Gedanken gemacht. Außerdem sieht er ein großes Problem darin, dass er von keinem seiner Mitarbeiter ehrliches Feedback für seine Entscheidungen bekommt. Jeder angestoßene Weg wurde bisher stillschweigend umgesetzt, obwohl er oft das Gefühl hatte, dass seine Vorschläge nicht immer den Nerv seiner engsten Führungskräfte trafen. Er war nicht mehr zu 100 Prozent von seinen Führungskompetenzen überzeugt und erkannte mehr und mehr, dass er an seine Grenzen kam. Jetzt sitzt er hier und setzt seine ganze Hoffnung auf Tom und dessen Können – schließlich ist Tom dafür im Markt bekannt.

Die nächsten Schritte sind für Tom Routine – und doch immer wieder spannend, denn keines seiner Projekte gleicht dem anderen. Auch nach so vielen Jahren nicht. Weil noch vor wenigen Jahren so viele Beratungsunternehmen versucht haben, mit Standardkonzepten Kosten zu sparen, haben sich die meisten von ihnen nur durch Fusionen retten können. Andere sind pleite gegangen. Sie haben die Individualität der Kunden deutlich unterschätzt, und das hat ihnen letztendlich das Genick gebrochen.

Bevor die Details besprochen werden, bittet Gerhard Fischer um eine kurze Pause. Für Tom die Gelegenheit, das Erlebte zu ordnen und den Vorgehensprozess in Gedanken zu strukturieren. Er bittet sein System, ihm die Namen all der Kontakte aus der Datenbank zu filtern, die er für dieses Projekt brauchen könnte und die gleichzeitig gut zu seinem neuen Kunden passen. Da Sonja das YOU von Gerhard Fischer ausgelesen hat, ist es für sie eine Kleinigkeit, Tom die gewünschten Personen aufzulisten. Der ganze Prozess dauert nur den Bruchteil einer Sekunde. Neun Leute von Toms Kontakten kommen infrage, fünf davon wird er brauchen.

Gerhard Fischer kommt zurück.

»Zuerst einmal möchte ich mich bei Ihnen für Ihre Offenheit bedanken, Herr Fischer. Wie geht es Ihnen jetzt, nachdem Sie mit mir gesprochen haben?«

»Ich muss ganz ehrlich sagen, Herr Faber, dass mir mit diesem Gespräch eine große Last von der Seele gefallen ist. Das Ganze bedrückt mich schon lange, aber ich wusste bisher nicht, wem ich mich anvertrauen sollte. Dann kam der Tipp von einem Freund. Jetzt bin ich sehr gespannt, wie's weitergeht.«

Tom aktiviert die Übertragung seines Displays an die große helle Wand direkt vor ihnen. Während er spricht, werden die einzelnen Schritte zeitgleich automatisch gescribbelt und an die Wand projiziert.

»Sie wissen: Ich werde Klartext mit Ihnen reden.«

»Ich bitte darum. Nein … das erwarte ich!« Gerhard Fischers Stimme klingt bestimmt.

Tom erwidert diese Aussage mit einem zustimmenden Nicken. »Und es werden im Laufe unserer Zusammenarbeit voraussichtlich Dinge angesprochen werden, die Sie vielleicht nicht so gerne hören wollen.«

Toms Kunde nickt.

»Ich stelle mir den Vorgang folgendermaßen vor: Als Erstes werde ich mir einen Gesamtüberblick über Ihr Headquarter verschaffen. Dafür würde ich gerne einen Besuchstermin bei Ihnen vereinbaren.«

Die beiden beauftragen ihre Systeme, einen Termin festzulegen.

»Ich möchte Sie bitten, dass Sie meinen Besuch bei Ihren Führungsverantwortlichen ankündigen, sodass diese das mit ihren Teams besprechen können. Die Mitarbeiter müssen auch wissen, dass ich mit jedem von ihnen sprechen werde, denn mir ist wichtig, ihre Sicht der Dinge kennenzulernen und ihre Meinung zu erfahren.«

Gerhard Fischer nickt zustimmend und garantiert, seine Leute für die Zeit der Zusammenarbeit mit Tom freizustellen.

»Es ist Ihnen bewusst, dass ich ein Projekt dieser Größenordnung nicht allein durchziehen werde. Im Moment habe ich schon geeignete Partner in der näheren Auswahl, werde aber meine finale Entscheidung erst dann treffen, wenn klar ist, in welche Richtungen wir insgesamt agieren müssen. Grundlegend kann ich schon jetzt sagen, dass wir die unterschiedlichen Unternehmenskulturen nicht auf einen Nenner bringen können. Dafür sind die jeweils gelebten Werte erfahrungsgemäß viel zu unterschiedlich. Was wir allerdings angehen werden, ist ein internes Kultur- und Werteverständnis. Damit entwickelt jeder Verständnis für den anderen und lernt, sich auf seinen Kollegen und Gesprächspartner einzulassen. Egal, wer hier mit wem kommuniziert. Wichtig ist, dass die Kommunikation wieder funktioniert, vor allem über Ländergrenzen hinweg.«

Der Berater redet Klartext mit dem Kunden.

»Es ist mir wichtig, dass sich meine Leute gegenseitig respektieren und nicht nur alles schlecht reden, was der andere macht. Ich habe das Gefühl, dass vieles schon so eingefahren ist und dass ich es nicht hinbekommen habe, rechtzeitig gegenzulenken.« Gerhard Fischer klingt besorgt.

»Ich verstehe Sie absolut. Deshalb werde ich mir auch zuallererst die Standpunkte Ihrer Mitarbeiter anhören. Daraus ergibt sich, an welchen Punkten wir als Nächstes ansetzen müssen.«

Tom erklärt das im weiteren Verlauf mögliche Vorgehen

- zum Ermitteln des Bedarfs und dem Durchführen von individuellen Trainings oder Workshops,
- zum Einbinden von Mitarbeitern, die im Prozess eine Schlüsselfunktion übernehmen können,
- zum Entwickeln eines einheitlichen Vertriebsprozesses für alle Länder, der mit dem gesamten Management erarbeitet wird,
- für eine Zusammenarbeit mit internen »Botschaftern«, die für Trainings geschult werden und die Vertriebsprozesse dann in ihre Organisation tragen sowie
- für eine einheitliche Kommunikation mit dem Kunden.

»Wie das im Detail aussieht, werde ich ermitteln können, sobald ich Ihr Unternehmen kennengelernt habe«, schließt Tom seine Ausführungen ab.

Für Gerhard Fischer hört sich das nicht nur sehr professionell, sondern auch wohl durchdacht an – und das zu so einem so frühen Zeitpunkt des Gesamtprojekts. Er hat einfach ein gutes Gefühl!

»Gibt es aktuell noch etwas, das Sie gerne wissen möchten, Herr Fischer?«

»Wissen Sie, Herr Faber, ich habe ja schon mal vor etwa einem Jahr den Kontakt zu einem Berater gesucht und bin damit völlig auf die Nase gefallen. Irgendwie hat der nicht verstanden, wie bei uns alles zusammenhängt. Er hat sich zwar die Bücher sehr genau angesehen und auch mit mir viele Gespräche geführt, aber was mir total gefehlt hat, war, dass er auch mal mit meinen Leuten gesprochen hat. Die gingen eigentlich gleich zu Beginn auf Distanz. Wenn Sie das jetzt so durchziehen, wie Sie das sagen, dann kann ich mir vorstellen, dass die Sache jetzt endlich mal richtig angegangen wird.«

> **Spricht ein Berater nur mit den Chefs, lernt er nur die Spitze des Eisbergs kennen.**

Tom hat ähnliche Geschichten schon des Öfteren von seinen Kunden gehört. Es ist ihm immer noch schleierhaft, wie seine Beraterkollegen gute Arbeit leisten wollen, wenn sie nicht das Gespräch mit den Leuten suchen, die letztendlich betroffen sind. Wie soll man denn sonst erfahren, was die Menschen beschäftigt, was deren Meinung zur Situation ist oder wo sie Handlungsbedarf sehen? Hier sitzen die Macher, die Entwickler und die mit dem direkten Kontakt zum Markt und zu den Kunden. Meist hat die Führungsebene selbst gar nicht die nötige Einsicht in die Dinge, und wenn ein Berater nur den Chef interviewt, lernt er praktisch nur die Spitze des Eisbergs kennen. Der große, tragende Teil unterhalb der Oberfläche bleibt verborgen.

»Ich kann sehr gut nachvollziehen, wie wichtig es Ihnen ist, Ihre Leute miteinzubeziehen, Herr Fischer. Nachdem diese eher schlechte Erfahrungen mit meinem Vorgänger gemacht haben, werde ich zusehen, dass sie mich zuallererst als jemanden kennenlernen, der ihre Meinung schätzt und sie nicht übergehen will. Ich werde mir ihr Vertrauen verdienen müssen, bevor sie auch wirklich bereit sind, sich mir gegenüber zu öffnen. Doch damit kenne ich mich aus. Das bekommen wir definitiv hin.«

Gerhard Fischers Gesichtszüge entspannen sich. »Ich setze mein ganzes Vertrauen in Sie, Herr Faber.«

Mit einem Blick auf sein Display sieht Tom den Starttermin, den ihre Systeme festgelegt haben, und bestätigt: »Wie ich sehe, können wir auch gleich am kommenden Dienstag bei Ihnen starten.«

Im Grunde genommen hätte es auch schon am Montag losgehen können, aber Sonja hat Maries Geburtstag berücksichtigt. Ein Termin vor Ort beim

Kunden kann schnell mal länger dauern, und Tom hätte den Musicalbesuch am Abend dann eventuell nicht wahrnehmen können (da war sie wieder, seine favorisierte Geschenkidee). Gar nicht auszudenken!

»Darauf freue ich mich sehr!« Gerhard Fischer greift nach seinem mobilen Display und erhebt sich. »Es gibt noch einiges vorzubereiten, und ich werde mich noch heute mit meinen Abteilungsleitern zusammensetzen. Die wichtigsten Ausschnitte unseres Gesprächs heute Vormittag habe ich ihnen schon zusammenfassen lassen und zugeschickt. Die Details möchte ich allerdings lieber direkt mit meinen Leuten besprechen.«

»Dann sehen wir uns nächsten Dienstag, Herr Fischer. Vielen Dank für Ihren Besuch und Ihre Offenheit. Ich freue mich auf unser Projekt!«

»Ich freue mich auch!«

Die beiden verabschieden sich, und Tom begleitet seinen neuen Kunden noch zur Tür. Wieder allein, muss er erst einmal tief durchatmen. Dieses Projekt wird ihm einiges abverlangen. Wieder wird er ein Unternehmen so gut kennenlernen, wie es nicht einmal der Geschäftsführer selbst kennt. Wieder wird er ein Team zusammenstellen, das genau zum Kunden und dessen Anforderungen passt. Wieder wird er der große Hoffnungsträger sein – und genau diese Tatsache gibt ihm persönliche Erfüllung. Er liebt seinen Job und freut sich auf dieses Projekt. Und er freut sich darauf, mit den Menschen zu arbeiten.

> **Ein neues Projekt bedeutet für den Berater eine Gelegenheit, persönlich zu wachsen.**

Tom gehört zu der »Gattung« Berater, die für sich persönliches Wachstum erfahren, wenn sie in ein neues Projekt einsteigen. Für ihn ist jeder Auftrag etwas Neues, obwohl die Aufgabenstellungen meist sehr ähnlich sind: Ein Unternehmen in der Klemme sucht einen Berater, der das Unternehmen wieder aus der verfahrenen Situation herausbringt. Doch bei jedem Kunden funktionieren die Fäden im Hintergrund anders. Zwar kann Tom auf seinen immensen Erfahrungsschatz zurückgreifen und sein Wissen immer wieder einsetzen, doch sind die Wege zum Erfolg immer wieder völlig unterschiedlich. Für Tom ist das eine Art persönlicher Erweiterung. Dieses ungeheure Wissen führt ihn immer weiter, hilft ihm, neue Zusammenhänge besser und schneller zu erfassen und die passenden Fragen zu stellen.

Das Gespräch lief richtig gut. Eigentlich wäre es mehr als erstaunlich gewesen, wenn sich hier Diskrepanzen ergeben hätten. Noch vor wenigen Jahren hätte es allerdings durchaus dazu kommen können, weil es noch kein

YOU gab. Seit der Etablierung dieses Systems gibt es praktisch keine Unstimmigkeiten mehr in der Phase des Kennenlernens. Dass es bei Toms neuem Kunden beim ersten Mal, als er einen Berater engagierte, so schlecht lief, lag sicher daran, dass er es nicht besser wusste. Gerhard Fischer hatte keine Erfahrung mit Beratern und konnte gar nicht wissen, ob die Vorgehensweise seines ersten Beraters die richtige war. Er hatte erst bemerkt, dass etwas nicht rund lief, als er mitbekommen hatte, dass seine Mitarbeiter dem Berater gegenüber abweisend waren. Von seinen Abteilungsleitern hatte er erfahren müssen, dass sich die Leute übergangen fühlten. Diese Vorgehensweise des damaligen Beraters war keine Basis für eine weitere Zusammenarbeit.

Jetzt, nachdem Toms Kunde weg war, meldete sich Sonja wieder zu Wort und übermittelte die Information, dass sich Marie aus Rom gemeldet hatte. Tom lässt sich die Aufzeichnung in 3D darstellen und freut sich, seine Frau wiederzusehen, die auf einem Platz steht, der nur so von Menschen wimmelt. Sie freut sich sichtlich über diese Location – die Piazza del Popolo. Marie kostet jedes Mal ihre Woche in Rom aus und nutzt ihre freie Zeit fürs Sightseeing. Schade nur, dass Tom diesmal nicht mitkommen konnte.

Die Mitteilung dauert ca. zehn Minuten und zeigt eine lebensfrohe Marie, die es sichtlich genießt, in dieser quirligen Stadt dieses ganz besondere Flair erleben zu dürfen. Mit der veränderten Verkehrsführung hat sich auch in Rom einiges geändert. Vorbei ist die Zeit, in der sich Autokarawanen durch die Straßen drängten, und Fußgänger mit einem beherzten Satz zur Seite springen mussten, um nicht überrollt zu werden. CarSysteme sind nur noch auf festgelegten Strecken erlaubt, und eine Vielzahl an Straßen ist für den Verkehr komplett gesperrt. Dem Tourismus hat das spürbaren Aufwind beschert, denn Sehenswürdigkeiten können in Ruhe besucht und mit öffentlichen Verkehrsmitteln auch bestens erreicht werden. Bereits vor zehn Jahren etablierte sich das Fahrrad mehr und mehr als Fortbewegungsmittel, was auch von Bussen und Bahnen unterstützt wurde, die schon damals die Mitnahme der Drahtesel ermöglichten. History trifft Future. Dieses ganz besondere Zusammenspiel, das keine andere europäische Stadt in vergleichbarer Form bietet, genießt Marie in vollen Zügen.

Auf seine Bitte, mit Marie eine direkte Verbindung herzustellen, bekommt Tom eine enttäuschende Antwort. Sonja informiert ihn darüber, dass sich seine Frau mittlerweile auf dem Messegelände in einem Meeting befindet und nicht gestört werden möchte. Genau so, wie er sich zuvor für den Besuch von Gerhard Fischer abgemeldet hatte. Er bittet sein System, Marie die

Nachricht zu übermitteln, dass sie sich im Laufe des Tages gerne noch mal melden kann, sobald es ihre Zeit erlaubt.

Ursprünglich hatte Tom den Kundenbesuch bis in den frühen Nachmittag geblockt. Desto mehr freut er sich jetzt, schon wieder zurückfahren zu können. Bis er zu Hause ankommt, würde Sonja schon dafür gesorgt haben, dass sein etwas verspätetes Mittagessen punktgenau fertig ist. Zwar gibt es zuverlässige Lieferservices, die auch gute Qualität bringen, doch Marie liebt es, zu kochen, und hat entsprechend vorgearbeitet, sodass das Essen nur noch aufgewärmt werden muss.

> **Zu Hause wird das Essen schon vorbereitet sein – dafür sorgt das Haussystem.**

Tom klemmt sein mobiles Display unter den Arm und verlässt seinen angemieteten Raum. Mit Eintritt in den Aufzug wird er genauso willkommen geheißen wie bei seiner Ankunft heute Morgen.

»Willkommen zurück, Herr Faber. Wohin möchten Sie gerne?«

»Zu meinem CarSystem, bitte.«

»Sehr gerne.«

Auf der Parkebene angekommen, wird Tom verabschiedet: »Werden Sie uns heute noch einmal besuchen, Herr Faber?« Das MeetingCenter gleicht mit dieser Information direkt ab, ob der gemietete Raum an diesem Tag noch weiter zur Verfügung stehen soll oder erneut vermietet werden kann.

»Nein, danke. Heute nicht mehr.«

»Dann hoffen wir, dass alles zu Ihrer Zufriedenheit war, und freuen uns auf Ihren nächsten Besuch.«

Tom mag diese Veränderung im Servicedenken. Endlich haben die Anbieter von Produkten und Dienstleistungen kapiert, dass hinter allem allein der Mensch steht. Und der hat Bedürfnisse, Wünsche, Anliegen oder auch Träume. Ein riesengroßer Markt eben, der lange Zeit verkannt worden war. Die Betreiber des MeetingCenters zum Beispiel sind immer daran interessiert, ihren Service noch ein Stückchen besser zu machen. Sollte einem Kunden etwas nicht ganz so gut gefallen haben, hat er die Möglichkeit, das direkt über sein System mitzuteilen. Ist der Mangel behoben, wird er sofort darüber in Kenntnis gesetzt. Sollte es dabei Verzögerungen geben, wird er darüber ebenfalls informiert. So erlebt er keine Enttäuschung bei seinem nächsten Besuch, falls doch noch alles im alten Zustand geblieben ist.

Auf der Fahrt nach Hause lässt sich Tom den Newsbericht von heute Morgen abspielen und die Liste der Geschenkideen für Maries Geburtstag aufzeigen. Noch während er aufmerksam zuhört, passiert er einen seiner Lieblingslebensmittelläden. Sofort wird ihm ein Angebot präsentiert, über das ihn Sonja informiert. Heute früh war das anscheinend noch nicht aktuell, und er bittet sein System, das Angebot direkt zu nutzen und nach Hause liefern zu lassen. Zwar geht er immer noch gerne selbst einkaufen, doch wenn er auf diese Art ein Schnäppchen machen kann, ist er sofort dabei. In seinem CarSystem zurückgelehnt, nutzt Tom die weitere Fahrt durch die Stadt dafür, von Sonja die heute noch anstehenden Aufgaben zusammengefasst zu bekommen. Sie hat seinen Tagesplan schon angepasst und Vorbereitungs- sowie Informationszeit für das Projekt mit Gerhard Fischer eingeplant.

Sonja unterbricht ihre Aufzählung, informiert Tom darüber, dass sich Michael Schäfer – ein Kunde seines aktuell laufenden Projekts – gerade meldet, und fragt, ob sie den Anruf zu ihm durchstellen soll. Nach einem kurzen »Ja, bitte« sieht Tom auch schon seinen Kunden auf dem Display, der auf den ersten Blick ziemlich besorgt wirkt.

Michael Schäfer ist Geschäftsführer einer international agierenden Maschinenbaufirma und hat Tom vor etwa drei Monaten damit beauftragt, sein Vertriebsteam für den neu eroberten chinesischen Markt auf Vordermann zu bringen. Das war ihm auch gelungen – allerdings nicht mit allen Teammitgliedern, denn nicht jeder kam mit den nun völlig anders gearteten Anforderungen klar. Es wurde ein spezielles Team zusammengestellt, das aus den Vertrieblern bestand, die am besten geeignet waren, um sich auf die neuen Herausforderungen einzustellen und mit der fernöstlichen Kultur vertraut zu werden.

Außerdem stand die Maschinenbaufirma vor der Herausforderung, eine speziell für den chinesischen Markt passende Apparatur zu entwickeln – und das innerhalb eines sehr engen vorgegebenen Zeitrahmens. Noch vor wenigen Jahren wäre das ein nicht zu erfüllendes K.-o.-Kriterium gewesen. Mittlerweile hat fast jedes Unternehmen eine firmeneigene, onlinebasierte Community, die bei einer solchen Herausforderung einspringt und hilft, eine solche Maschine zu entwickeln. Damit dieses lukrative China-Projekt überhaupt zustande kam, ging vorher bereits eine entsprechende Anfrage an die Community des Unternehmens von Michael Schäfer, die daraufhin damit begann, Ideen zu entwickeln.

Solch eine Community besteht aus Freiberuflern, Studenten oder Kunden, die auf dieser Plattform ihr Wissen zusammenwerfen und strukturieren können, sodass der Auftraggeber bereits nach kurzer Zeit konkrete Vorschläge erhält. Diese Art, Wissen »anzuzapfen«, hatte sich als so erfolgreich erwiesen, dass mittlerweile fast jedes Unternehmen auf eine solche Community zurückgreifen kann. Mannigfaltiges Know-how vereint sich so mit individuellen Kompetenzen und liefert einen nie da gewesenen Output.

Firmen haben Communitys aus Freiberuflern, Studenten oder Kunden, in denen sich mannigfaltiges Know-how vereint.

Die Mitglieder der Community um Michael Schäfer haben für das Projekt eine virtuelle Maschine entwickelt – von Prototypen hatte man schon eine Weile Abstand genommen, denn die immensen Kosten hatten so manchem Entwickler fast das Genick gebrochen, wenn ein anderer Produzent letztendlich den Zuschlag für ein Projekt bekommen hatte. Wenn man etwa 30 Jahre zurückdenkt, galt es noch als mittlere Sensation, dass Boeing für die Entwicklung der 777 überhaupt keinen Prototypen baute, sondern alles virtuell erstellen ließ. Damals hatte das internationale Entwicklerteam rund um die Uhr an seiner Neuentwicklung gearbeitet und zusätzlich andere Fluggesellschaften per Netzwerk in die Arbeit mit einbezogen. Heute ist ein solches Vorgehen üblich und eröffnet ungeahnte Möglichkeiten.

Tom begrüßt seinen Kunden, der es gewohnt ist, direkt auf den Punkt zu kommen: »Hallo Herr Schäfer, Sie sehen besorgt aus. Wie kann ich Ihnen helfen?«

»Bin ich froh, dass ich Sie gleich erreiche, Herr Faber. Die Chinesen haben gerade eben unsere Maschine abgenickt und gleich 20 Stück geordert. Mit so einem großen Auftrag habe ich überhaupt nicht gerechnet. Unsere Kapazitäten reichen dafür gar nicht aus ... Was machen wir denn jetzt?«

»Okay, ich verstehe. Ich bin gerade unterwegs und melde mich in etwa einer halben Stunde wieder. Dann gehen wir das Ganze noch mal durch und sehen, was wir machen können.«

Michael Schäfer nickt zustimmend und verabschiedet sich. Er weiß, dass er keine weiteren Worte verlieren muss, denn Tom würde sich wie versprochen melden. Tom kennt das Unternehmen bereits sehr gut und geht während der Heimfahrt mögliche Alternativen durch, die er gleich mit seinem Kunden besprechen wird. Dafür nutzt er Sonja, die ihm alles Wichtige zusammenträgt, was als Grundlage für das Gespräch dienen wird. Auch die Fahrt nach dem Verlassen der Stadtgrenze, die Tom selbst in die Hand nehmen könnte, überlässt er dem Autopiloten. So kann er die verbleibende Zeit optimal nutzen.

Zu Hause angekommen, nimmt Tom schon den Duft seines verspäteten Mittagessens wahr, während er aus seinem CarSystem steigt. Das wird wohl jetzt noch ein Weilchen länger warten müssen. Auf dem Weg zum Wohnzimmer bittet er Sonja, ihn mit Michael Schäfer zu verbinden. Sekunden später steht dieser direkt vor ihm und legt auch gleich mit den Details los. Tom hört aufmerksam zu und stellt anschließend seinem Kunden Möglichkeiten vor, wie er die 20 Maschinen produzieren könnte, ohne seine reguläre Produktion dafür komplett stoppen zu müssen. Der Maschinenbauer hat noch zwei Kooperationspartner – einen in Italien, den anderen in Ungarn –, die Teile für ihn produzieren. Diese beiden Firmen verfügen im Moment über die nötigen Kapazitäten in der Produktion. Eine Möglichkeit wäre, die Produktion der neu entwickelten Maschine auf beide Länder aufzuteilen, was natürlich erfordern würde, die Mitarbeiter vor Ort zu schulen und alle weiteren Teile, die benötigt werden, dorthin zu liefern. Die dafür benötigten Mitarbeiter dürften dann zeitlich nicht in andere Projekte involviert sein. Auf der anderen Seite müssen diese beiden Firmen auch geeignete Mitarbeiter zur Verfügung stellen können.

> Zu Hause angekommen, präsentiert der Berater dem Kunden noch schnell seinen Lösungsvorschlag.

Tom hat sich die Kosten für diesen Aufwand schon berechnen lassen und stellt die Zahlen seinem Kunden vor. Michael Schäfer lässt nun seine Zahlen für den Verkauf der Maschinen dagegen stellen. Diese Variante wäre eine schnelle und vor allem auch nachhaltige Lösung, denn China ist nach wie vor ein lukrativer Markt, der auf deutsche Qualität setzt. Würden die beiden Firmen in Italien und Ungarn mitspielen, könnte er sich diese Lösung sehr gut so vorstellen, erklärt Herr Schäfer mit einem überzeugten Kopfnicken.

»Sollte sich herausstellen, dass die Nachfrage weiter wächst, müssten wir uns sowieso Gedanken über einen Erweiterungsbau machen«, ergänzt Tom bestätigend.

»Den Vorschlag werde ich direkt mit den Geschäftsführern dort abklären. Ich melde mich bei Ihnen, sobald ich weiß, ob sie dabei sind. Dann besprechen wir die Einzelheiten. Vielen Dank, Herr Faber.«

Und weg ist er.

Jetzt ist Tom gar nicht dazu gekommen, seinen zweiten Vorschlag zu präsentieren … Naja, sollte der erste aus irgendeinem Grund nicht funktionieren, wird er noch die Gelegenheit dazu haben.

»Lunchtime!«

Sonja lässt Tom wissen, dass es noch einmal etwa fünf Minuten dauern wird, bis das Essen fertig ist, denn durch das virtuelle Meeting mit dem Kunden wurde die Kerntemperatur mittlerweile stark reduziert, um die Frische zu erhalten.

»Das ist mir jetzt, ehrlich gesagt, so etwas von egal. Ich hab' jetzt Hunger! Ich möchte sofort essen.« Die Ofentür öffnet sich und Tom holt sich sein Essen heraus. Mit der ersten Gabel im Mund kann er das ganze Aufhebens um die Kerntemperatur überhaupt nicht verstehen. Es schmeckt einfach nur hervorragend.

Tom hat gerade mal die Hälfte gegessen, da unterbricht ihn Sonja mit der Mitteilung, dass Michael Schäfer dringend mit ihm sprechen möchte. Lieber jetzt als später, wenn er mit Sebastian joggen gehen und mal wieder einen netten Männerabend verbringen möchte. Mit einem Blick auf seinen noch halbvollen Teller nimmt er das Gespräch entgegen. Es wird sowieso besser sein, jetzt nicht ganz so viel zu essen, denn mit einem zu vollen Magen macht Laufen keinen Spaß.

»Gute Neuigkeiten, Herr Faber: Beide Firmen haben ihre Zustimmung gegeben und können sich eine Fertigung bei ihnen im Haus sehr gut vorstellen. Ich habe versprochen, ihnen so schnell wie möglich die Einzelheiten vorzustellen, sodass das Ganze zügig anlaufen kann. Sie wissen ja: Der Kunde ist König!«

Wie wahr, wie wahr. Es gibt Momente, da lässt Toms Begeisterung über den technischen Fortschritt und die Schnelligkeit der Kommunikation ein wenig nach, aber ihm ist klar, dass das Anliegen seines Kunden dringend ist. Und mithilfe der Technik bleibt auch das Zwischenmenschliche nicht auf der Strecke, weil man sich direkt austauschen kann. Auch wenn der Anruf nicht ganz so gelegen kommt, sieht Tom das mit den Augen seines Kunden. Immerhin verliert dieser jetzt dank Toms Hilfe den lukrativen Auftrag nicht und hat zugleich die Möglichkeit, sich für die Zukunft anders aufzustellen. Zwei weitere Produktionen, die sowieso schon eine Vielzahl an Maschinen haben, würden ihm weitere Aufträge dieser Art ermöglichen. Damit zeigt er auch gleichzeitig Flexibilität, durch die er nah an den Bedürfnissen seiner Kunden agieren kann. Ein Wettbewerbsvorteil.

In den nächsten zwei Stunde gehen die beiden die Einzelheiten der geplanten Aktion durch und ziehen sich dafür Informationen aus Clouds und

Mithilfe der Technik bleibt auch das Zwischenmenschliche nicht auf der Strecke.

anderen Datenpools. Tom gelingt es sogar, einen weiteren Berater aus seinem Netzwerk für dieses Projekt zu akquirieren, der sich speziell mit Produktionsabläufen auskennt. Mit einem gemeinsamen Termin zuerst in Italien und dann in Ungarn möchte Michael Schäfer den beiden vor Ort die Gegebenheiten zeigen. In der Zwischenzeit würden schon die internen Fachkräfte für die Schulung der Mitarbeiter vor Ort vorbereitet und die benötigten Materialien an ihren jeweiligen Bestimmungsort gesendet.

Das Projekt beginnt bereits innerhalb dieser zwei Stunden, und die ersten Aktionen werden in die Wege geleitet. Ein wenig erschöpft, aber auch hoch zufrieden verabschiedet sich Tom von seinem Kunden, der nun ebenfalls in den eigenen wohlverdienten Feierabend gehen kann.

So vieles haben sie vorangetrieben, so vieles erreicht. Jetzt ist es allerhöchste Zeit, den Kopf wieder freizubekommen. Tom öffnet die Terrassentür weit und inhaliert die angenehme Herbstluft. Der Regen vom Vormittag hat sich komplett verzogen, und die mittlerweile tiefer stehende Sonne wirft ein angenehm rötliches Licht auf die restlichen Wolken am Horizont. Das Laufen würde gleich guttun.

Tom geht ins Ankleidezimmer und lässt sich seine Lieblingslaufhose mit passendem Shirt heraussuchen. Er lässt Sonja die entsprechenden Schubladen öffnen und holt sich sein Wunschoutfit heraus. Noch während er dabei ist, sich umzuziehen, meldet sein Haussystem die Ankunft von Sebastian. Nur in Shorts gekleidet und mit dem Shirt in der Hand eilt Tom zur Haustür. Bei seinem Freund lässt er es sich nicht nehmen, die Tür selbst zu öffnen und ihn persönlich zu begrüßen. Da steht Sebastian bereits in kompletter Montur und strahlt übers ganze Gesicht. Voller Freude über das Wiedersehen umarmen sich die beiden und beschließen, direkt loszulaufen, um die letzten Sonnenstrahlen noch genießen zu können.

Wie kleine Jungs herumalbernd traben die beiden los Richtung Feld, von dem aus sie dann in den Wald abbiegen werden. Tom freut sich nicht nur darüber, endlich seinen Freund wiederzusehen und alte Zeiten aufleben zu lassen, sondern ist auch gespannt darauf, welches neue Projekt er mit ihm durchziehen möchte.

Während die beiden von der untergehenden Sonne begleitet zum Feld joggen, sorgt Sonja schon dafür, dass die Sauna aufgeheizt wird und der Wein gut gekühlt auf sie wartet, wenn sie wieder nach Hause kommen. Und die Karten für das Musical sind auch schon bestellt.

Anhang

Literaturverzeichnis

9 Levels Institute for value systems. http://www.9levels.de, eingesehen am 21.05.2015.

ARD / ZDF-Onlinestudie (2012). http://www.ard-zdf-onlinestudie.
de/fileadmin/Onlinestudie_2012/Zusammenfassungen_2012.pdf,
eingesehen am 21.05.2015.

Bär, Martina; Krumm, Rainer; Wiehle, Hartmut: Unternehmen
verstehen, gestalten, verändern. Das Graves Value System in der
Praxis, Wiesbaden. Gabler, 2010.

Bartsch, Bernhard: Ende eines Mythos. In: Brand eins Thema:
Unternehmensberater, Mai 2014.

BKK Gesundheitsreport, http://psyga.info/ueber-psyga/aktuelles/
bkk-gesundheitsreport-2012/, Dezember 2012.

Bloch, Brian: How they put the »con« in consulting. In: Managerial
Auditing Journal 14, 1999.

Budras, Corinna; Löhr, Julia: Insolvenzverwalter nehmen Berater-
honorare ins Visier. In: FAZ Wirtschaft, www.faz.net/aktuell/
wirtschaft/unternehmen/kanzlei-verklagt-insolvenzverwalter-
nehmen-beraterhonorare-ins-visier-12581733.html, 19.09.2013.

Bundesverband Deutscher Unternehmensberater e.V. (BDU):
Facts & Figures zum Beratermarkt 2012 / 2013. Bonn: BDU e. V.,
2013.

Champy, James: Reengineering Management. The Mandate for New
Leadership; New York: HarperBusiness, 1995.

Christensen, Clayton M.; Wang, Diana; van Bever, Derek: Die Zukunft der Berater. In: Harvard Business manager, November 2013.

Clark, Timothy; Fincham, Robin: Critical consulting. New Perspectives on the Management Industry. Oxford: John Wiley & Sons,
2002.

Das Swissair-Debakel – Von Alcazar über die Hunter-Strategie zum Grounding 2001. http://chronik.geschichte-schweiz.ch/swissair-debakel-grounding.html, 02.03.2007.

Der Niedergang der Swissair: »Hunter« – der Flug ins Abseits. In: Das Schweizer Wirtschaftsmagazin BILANZ, http://www.bilanz.ch/people/der-niedergang-der-swissair-hunter-der-flug-ins-abseits, 31.12.2001.

dts Nachrichtenagentur: Neue Karstadt-Chefin setzt bei Sanierung auf dezentrale Maßnahmen. www.finanznachrichten.de/nachrichten-2014-03/29768060-neue-karstadt-chefin-setzt-bei-sanierung-auf-dezentrale-massnahmen-003.htm, 23.03.2014.

Engel, Claus; Tamdjidi, Alexander; Quadejaco, Nils: Ergebnisse der Projektmanagementstudie 2008 – Erfolg und Scheitern im Projektmanagement; Gemeinsame Studie der GPM Gesellschaft für Projektmanagement e. V. und der PA Consulting Group. Nürnberg/Frankfurt: 2008.

Ernst, Berit; Kieser, Alfred: Versuch, das unglaubliche Wachstum des Beratungsmarktes zu erklären. In: Schmidt, Rudi; Gerges, Hans-Joachim; Pohlmann, Markus (Hrsg.): Managementsoziologie. Themen, Desiderate, Perspektiven; München: Hampp, R, 2002.

Ernst, Berit; Kieser, Alfred: In search for explanations for the consulting explosion. In: Sahlin-Andersson, Kerstin; Engwall, Lars (Hrsg.): The expansion of management knowledge: Carriers, flows and sources. Stanford: Stanford University Press, 2002.

Ertinger, Sebastian: »Wir fliegen niemals erster Klasse« – Unternehmensberater im Interview. In: Handelsblatt, http://www.handelsblatt.com/unternehmen/dienstleister/unternehmensberater-im-interview-wir-fliegen-niemals-erster-klasse/9248952.html, 27.12.2013.

Euler Hermes Kreditversicherung; Zentrum für Insolvenz und Sanierung an der Universität Mannheim (ZIS): Ursachen von Insolvenzen. Gründe für Unternehmensinsolvenzen aus der Sicht von Insolvenzverwaltern. Wirtschaft konkret Nr. 414. Hamburg: Euler Hermes Kreditversicherungs-AG, 2006.

Eurobarometer 2009. http://ec.europa.eu/public_opinion/archives/ebs/ebs_316_fact_de.pdf, eingesehen am 21.05.2015.

Fink, Dietmar: Machiavelli, McKinsey & Co. – eine kleine Geschichte der Managementberatung. In: Petmecky, Arnd; Deelmann, Thomas (Hrsg.): Arbeiten mit Managementberatern – verstehen, verändern, vertrauen. Berlin: Springer, 2004.

Freitag, Michael; Student, Dietmar: Schwarmintelligenz. In: manager magazin online, http://www.manager-magazin.de/magazin/artikel/a-832380.html, 23.05.2012.

Fröhlich, Werner; Laumann, Maja: Perspektiven des Management Consulting. In: Fröhlich, Werner; Laumann, Maja (Hrsg.): Wertschöpfung durch Management Consulting – Research in Progress. München: Hampp, R, 2010.

Geffroy, Edgar K.: Triumph des Individuums. Innovative Kundenstrategien für die kommende Geschäftswelt. Düsseldorf: Redline, 2012.

Gerharz, Markus: »Die Branche verdient ihr schlechtes Image nicht« – Interview mit Ex-Consultant Robert Paust. In: staufenbiel.de, https://www.staufenbiel.de/consulting/karriere/beraterbashing.html, 2013, eingesehen am 21.05.2015.

Gloger, Axel: Über_Morgen. Was Ihr Unternehmen in Zukunft erfolgreich macht. Wien: Linde, 2012.

Grün, Anselm: Führen mit Werten. München: Olzog, 2006.

Grundig will in Deutschland 900 Arbeitsplätze abbauen – Sanierungskonzept kostet bis zu 400 Millionen. In: Handelsblatt, http://www.handelsblatt.com/archiv/sanierungskonzept-kostet-bis-zu-400-millionen-grundig-will-in-deutschland-900-arbeitsplaetze-abbauen/2054064.html, 30.03.2001

Hegemann, Lisa: Karstadt-Chefin Eva-Lotta Sjöstedt schmeißt hin. In: Handelsblatt, www.handelsblatt.com/unternehmen/handel-konsumgueter/warenhauskette-karstadt-chefin-eva-lotta-sjoestedt-schmeisst-hin/10162082.html, 07.07.2014.

Heuer, Steffan: Recherche in der Mittagspause. In: Brand eins Thema: Unternehmensberater, Mai 2014.

Huber, Maria: Supermann für vier Jahre. In: KarriereSpiegel, http://www.spiegel.de/karriere/berufsleben/ueberblick-ueber-den-job-des-unternehmensberaters-a-821628.html, 19.03.2012.

IBM Global CEO Study 2012, http://www.dns.de/blog/posts/2012/12/04/ibm-global-ceo-study-2012-als-download-kostenlos-erhaeltlich/, eingesehen am 21.05.2015.

Institut für Demoskopie Allensbach (IfD): Befragung zur Akzeptanz von Unternehmensberatern, 2011.

Klesse, Hans-Jürgen: Schwierige Allianzen auf dem Beratermarkt. In: Wirtschaftswoche, www.wiwo.de/unternehmen/dienstleister/harter-wettbewerb-schwierige-allianzen-auf-dem-beratermarkt/8784016.html, 17.09.2013.

Klesse, Hans-Jürgen: Warum so viele Beratungen kläglich scheitern. In: ZEIT Online, www.zeit.de/karriere/beruf/2010-09/fehler-unternehmensberater, 05.10.2011.

zu Knyphausen-Aufseß, Dodo: Theorie der strategischen Unternehmensführung. State of the Art und neue Perspektiven. Wiesbaden: Gabler, 1995.

Krumm, Rainer: 9 Levels of Value Systems. Mittenaar-Bicken: werdewelt, 2012.

Kunden bestrafen Schlecker – Umsatz bricht ein. In: News.de, http://www.news.de/wirtschaft/855059935/kunden-bestrafen-schlecker/1/, 05.06.2010.

Kurpjuweit, Klaus: Nicht mehr voll unter Dampf. In: Der Tagesspiegel, http://www.tagesspiegel.de/berlin/nicht-mehr-voll-unter-dampf/7271164.html, 19.10.2012.

Lau, Peter: Lasst uns gemeinsam drüber nachdenken. In: Brand eins Thema: Unternehmensberater, Mai 2014.

Laube, Helene: Pool mit Aussicht. In: Brand eins Thema: Unternehmensberater, Mai 2014.

Laube, Helene: Vom Dunkeln ins Licht. Derek van Bever im Interview. In: Brand eins Thema: Unternehmensberater, Mai 2014.

Löhr, Julia: Berater in der Sinnkrise. In: FAZ Wirtschaft, http://www.faz.net/aktuell/wirtschaft/unternehmensberatung-berater-in-der-sinnkrise-12739908.html, 07.01.2014.

Loke, Matthias: Rücktritt nach fünf Monaten. In: Frankfurter Rundschau, www.fr-online.de/wirtschaft/karstadt-chefin-sjoestedt-ruecktritt-nach-fuenf-monaten,1472780,27735272.html, 07.07.2014.

Maier, Angela; Klusmann, Steffen: Märklin. Der große Eisenbahnraub. In: Stern, http://www.stern.de/wirtschaft/news/maerklin-der-grosse-eisenbahnraub-3422962.html, eingesehen am 19.06.2015.

Maier, Harry: Wellen des Fortschritts. In: ZEIT 12/1993.

MBA-Forschungszentrum: Die Beraterbranche im Stresstest: Consulting-Studie des MBA-Forschungszentrums. Sankt Augustin: Hochschule Bonn-Rhein-Sieg, 2011.

McKinsey: Streng vertraulich. In: Das Schweizer Wirtschaftsmagazin BILANZ, http://www.bilanz.ch/unternehmen/mckinsey-streng-vertraulich, 28.05.2003.

Megatrend Dokumentation 2012. Frankfurt a.M.: Zukunftsinstitut GmbH, 2012.

Menden, Stefan: Das Insider-Dossier: Bewerbung bei Unternehmensberatungen. Consulting Cases meistern. Köln: squeaker.net, 2007/2008.

Mielke, Jahel: Unternehmensberater. Schlechter Rat ist teuer. In: Der Tagesspiegel, http://www.tagesspiegel.de/wirtschaft/firmensanierung-unternehmensberater-schlechter-rat-ist-teuer/8679566.html, 23.08.2013.

Mittelstand bleibt auf der Strecke. http://www.channelpartner.de/a/mittelstand-bleibt-auf-der-strecke,2603920, 25.03.2013.

Mohe, Michael; Birkner, Stephanie; Sieweke, Jost: Professionalisierung von Klienten – Status Quo in Deutschland. Studie des BMBF-Projektes »OBIE – Organisationsberatung: Importgut oder Exportschlager«. Oldenburg, 2008.

Mohe, Michael; Birkner, Stephanie; Sieweke, Jost: Wie kompetent sind Kunden? – Eine empirische Analyse zur Klientenprofessionalisierung. In: Journal bso Berufsverband für Coaching, Supervision und Organisationsberatung (Hrsg.): Kompetente Kunden. Journal bso Nr. 2/2012.

Moog, Petra; Kay, Rosemarie; Schlömer-Laufen, Nadine; Schlepphorst, Susanne: Unternehmensnachfolgen in Deutschland – Aktuelle Trends. In: Institut für Mittelstandsforschung Bonn (Hrsg.): IfM-Materialien Nr. 216, Bonn: 2012.

Moschdal, Manfred: Depistomologie des Organisationslernens. Beiträge zur Wissenschaft des Scheiterns. In: Heidsieck, Charlotte; Petersen, Jendrik (Hrsg.): Organisationen im 21. Jahrhundert. Frankfurt a.M.: Peter Lang, 2010.

Müller, Anja: Das Comeback von Kondratieff – Theorie der langen Wellen. In: Handelsblatt. http://www.handelsblatt.com/politik/

oekonomie/nachrichten/theorie-der-langen-wellen-das-come-back-von-kondratieff-seite-3/3414216-3.html, 18.04.2010.

Naisbitt, John: Megatrends. Ten new directions transforming our lives. New York: Warner Books, 1982.

Nefiodow, Leo A.: Der sechste Kondratieff. Wege zur Produktivität und Vollbeschäftigung im Zeitalter der Information. Sankt Augustin: Rhein-Sieg-Verlag, 2007.

Nippa, Michael; Petzold, Kerstin: Functions and roles of management consulting firms – an integrative theoretical framework – working paper. Freiberg: Technische Universität Bergakademie Freiberg, Fakultät für Wirtschaftswissenschaften, 2001.

Nippa, Michael; Petzold, Kerstin: Ökonomische Funktionen in Unternehmensberatungen. In: Nippa, Michael; Schneiderbauer, Dieter (Hrsg.): Erfolgsmechanismen der Top-Management-Beratung. Einblicke und kritische Reflexionen von Branchenkennern. Heidelberg: Physica-Verlag, 2004.

Nobbe, Marion: Interview »Grundig wurde zu Tode saniert.« Betriebsrat beschuldigt Chefetage. In: Süddeutsche, www.sueddeutsche.de/karriere/interview-grundig-wurde-zu-tode-saniert-1.511205, 11.05.2010.

Ormerod, R.: The design of organizational intervention. In: Omega 25, 1997.

Paust, Robert: Versteckte Rollen externer Unternehmensberater. Wahrscheinlichkeit, Erscheinungsform und Konsequenzen unter besonderer Berücksichtigung der Change Management Beratung. Marburg: Tectum, 2012.

Petersdorff, Winand von; Heeg, Thiemo: Fall Gerster: Die Berater-Elite hat ihren Zauber verloren. In: Frankfurter Allgemeine Sonntagszeitung, 02.02.2004.

Petersen, Martina: Werte kann man nicht wirklich messen. Interview mit Matthias Horx. In: Forum MLP, Das MLP-Magazin, 2012.

Petmecky, Arnd; Deelmann, Thomas: Arbeiten mit Managementberatern – Bausteine für eine erfolgreiche Zusammenarbeit. Bonn: Springer, 2005.

Polster, Bernd; Godau, Marian: Design Lexikon Deutschland. Köln: DuMont, 1999.

Porzellan Selb: Dossier Rosenthal. http://www.porzellan-selb.de/
dossier-philip-rosenthal/, 12.05.2012.

Praktiker zahlte 80 Millionen für erfolglose Berater. In: Die Welt,
www.welt.de/119245998, 21.08.2013. (Unter Einbeziehung von
Rechercheergebnissen des Wirtschaftsmagazins Capital.)

Radszuhn, Eike: Wie dem Modellbauer Märklin die Wende gelang.
In: impulse, das Unternehmer-Magazin. https://www.impulse.
de/management/wie-dem-modellbahnbauer-marklin-die-wende-
gelang/2007470/, 13.07.2013.

Return on Consulting Studie. Konzept, Ziel, Vorgehen, Ergebnisse
und Nutzen. http://roc2007.cardea.ch/rocStudie.html, eingesehen
am 21.05.2015.

Risch, Susanne: Nur kein Mitleid. In: Brand eins Thema: Unternehmensberater, Mai 2014.

Schneider, Mark C.: Wie Dirk Roßmann Mitarbeiter führt. In:
Handelsblatt, www.handelsblatt.com/unternehmen/mittel-
stand/drogerie-unternehmer-wie-dirk-rossmann-mitarbeiter-
fuehrt/3372154.html, 18.02.2010.

Schwarzer, Ursula: Grundig – Lange, schwere Qual. In: manager
magazin online, http://www.manager-magazin.de/unternehmen/
artikel/a-125410.html, 30.03.2001.

Siebenhaar, Hans-Peter: Bertelsmann mit historischem Sparprogramm. In: Handelsblatt, www.handelsblatt.com/3190256-all.
html0, 30.06.2009.

Sjöstedt will »Einheitsbrei im Einzelhandel« beseitigen. In: manager
magazin online, www.manager-magazin.de/unternehmen/han-
del/neue-karstadt-chefin-sjoestedt-will-schluss-machen-mit-dem-
einheitsbrei-a-955165.html, 23.02.2014.

Soehring, Maren: Soll ich oder soll ich nicht? In: ZEIT Campus
2/2010.

Steppan, Rainer: Versager im Dreiteiler. Wie Unternehmensberater
die Wirtschaft ruinieren. Frankfurt a.M.: Eichborn, 2003.

Student, Dietmar: »Reifer Markt« – Consulting-Professor Fink. In:
manager magazin, www.manager-magazin.de/unternehmen/
artikel/a-875740.html, 10.01.2013.

Student, Dietmar: McKinsey gegen den Rest der Welt. In manager magazin, www.manager-magazin.de/magazin/

artikel/baur-fuehrt-mckinsey-im-ueberlebenskampf-der-unternehmensberater-a-951828.html, 18.02.2014.

Töpper, Verena: Jetzt entscheide ich! Vom Berater zum Firmengründer. In: KarriereSpiegel, www.spiegel.de/karriere/berufsleben/wenn-unternehmensberater-zu-unternehmensgruendern-werden-a-859243.html, , 08.10.2012.

Trends: Unternehmensberater. PC Magazin, www.pc-magazin.de/ratgeber/trends-unternehmesberater-1479083.html#, 27.02.2013.

Votsmeier, Volker: Klage: Q-Cells-Insolvenzverwalter attackiert mit Taylor Wessing Sanierungsberaterin Hengeler. In: JUVE, www.juve.de/nachrichten/verfahren/2013/09/klage-q-cells-insolvenzverwalter-attackiert-mit-taylor-wessing-sanierungsberaterin-hengeler, 04.09.2013.

WDR: Reportage: Ehemalige Karstadt-Mitarbeiter. 11.09.2014.

Weiden, Ewald F.: Folienkrieg und Bullshitbingo. Handbuch für Unternehmensberater, Opfer und Angehörige. 3. Aufl. München: Piper, 2013.

Werr, Andreas; Pemer, Frida: Purchasing management consulting services – from management autonomy to purchasing involvement. In: Journal of Purchasing & Supply Management, 13(2), 2007.

Wertekommission – Initiative Werte bewusste Führung e. V.: Letztlich machen Werte Strategien wirksam. Bonn: 2007.

Zuffellato, Andrea: Gute Beratung – das gemeinsame Ziel. In: Journal bso Berufsverband für Coaching, Supervision und Organisationsberatung (Hrsg): Kompetente Kunden. Journal bso Nr. 2/2012.

Anmerkungen

Vorwort

1 Megatrend Dokumentation, Arbeiten mit Megatrends. http://www.
   megatrend-dokumentation.de/, eingesehen am 21.05.2015. S. 9–10.
2 Christensen, Clayton M.; Wang, Diana; van Bever, Derek: Die Zukunft
   der Berater. In: Harvard Business manager, November 2013.

Teil 1 · Der Berater heute – Leiharbeiter im Anzug

1 Bartsch, Bernhard: Ende eines Mythos. In: Brand eins Thema: Unternehmensberater, Mai 2014, S. 6.
2 Weiden, Ewald F.: Folienkrieg und Bullshitbingo. Handbuch für Unternehmensberater, Opfer und Angehörige. 3. Aufl. München: Piper, 2013,
   S. 219.
3 Bundesverband Deutscher Unternehmensberater e.V. (BDU): Facts &
   Figures zum Beratermarkt 2012/2013. Bonn: BDU e.V., 2013.
4 Steppan, Rainer: Versager im Dreiteiler. Wie Unternehmensberater die
   Wirtschaft ruinieren. Frankfurt a.M.: Eichborn, 2003, S.47.
5 Töpper, Verena: Jetzt entscheide ich! Vom Berater zum Firmengründer.
   In: KarriereSpiegel, www.spiegel.de/karriere/berufsleben/wenn-unter-
   nehmensberater-zu-unternehmensgruendern-werden-a-859243.html,
   08.10.2012.
6 Praktiker zahlte 80 Millionen für erfolglose Berater. In: Die Welt, www.
   welt.de/119245998, 21.08.2013. (Unter Einbeziehung von Rechercheergebnissen des Wirtschaftsmagazins Capital.)
7 Siebenhaar, Hans-Peter: Bertelsmann mit historischem Sparprogramm.
   In: Handelsblatt, www.handelsblatt.com/3190256-all.html0, 30.06.2009.
8 Votsmeier, Volker: Klage: Q-Cells-Insolvenzverwalter attackiert mit
   Taylor Wessing Sanierungsberaterin Hengeler. In: JUVE, www.juve.
   de/nachrichten/verfahren/2013/09/klage-q-cells-insolvenzverwalter-

attackiert-mit-taylor-wessing-sanierungsberaterin-hengeler, 04.09.2013. Und: Budras, Corinna; Löhr, Julia: Insolvenzverwalter nehmen Berater-honorare ins Visier. In: FAZ Wirtschaft, www.faz.net/aktuell/wirtschaft/unternehmen/kanzlei-verklagt-insolvenzverwalter-nehmen-beraterhonorare-ins-visier-12581733.html, 19.09.2013.

9 Nippa, Michael; Petzold, Kerstin: Ökonomische Funktionen in Unternehmensberatungen. In: Nippa, Michael; Schneiderbauer, Dieter (Hrsg.): Erfolgsmechanismen der Top-Management-Beratung. Einblicke und kritische Reflexionen von Branchenkennern, Heidelberg: Physica-Verlag, 2004, S. 4.

10 zu Knyphausen-Aufseß, Dodo: Theorie der strategischen Unternehmensführung. State of the Art und neue Perspektiven. Wiesbaden: Gabler, 1995.

11 Petersdorff, Winand von; Heeg, Thiemo: Fall Gerster: Die Berater-Elite hat ihren Zauber verloren. In: Frankfurter Allgemeine Sonntagszeitung, 02.02.2004.

12 Clark, Timothy; Fincham, Robin: Critical consulting. New Perspectives on the Management Industry. Oxford: John Wiley & Sons, 2002.

13 Bloch, Brian: How they put the »con« in consulting. In: Managerial Auditing Journal 14, 1999. Und: Ormerod, R.: The design of organizational intervention. In: Omega 25, 1997.

14 Ernst, Berit; Kieser, Alfred: In search for explanations for the consulting explosion. In: Sahlin-Andersson, Kerstin; Engwall, Lars (Hrsg.): The expansion of management knowledge: Carriers, flows and sources. Stanford: Stanford University Press, 2002. Und: Nippa, Michael; Petzold, Kerstin: Functions and roles of management consulting firms – an integrative theoretical framework – working paper. Freiberg: Technische Universität Bergakademie Freiberg, Fakultät für Wirtschaftswissenschaften, 2001.

15 Ernst, Berit; Kieser, Alfred: Versuch, das unglaubliche Wachstum des Beratungsmarktes zu erklären. In: Schmidt, Rudi; Gerges, Hans-Joachim; Pohlmann, Markus (Hrsg.): Managementsoziologie. Themen, Desiderate, Perspektiven; München: Hampp, R, 2002.

16 Paust, Robert: Versteckte Rollen externer Unternehmensberater. Wahrscheinlichkeit, Erscheinungsform und Konsequenzen unter besonderer Berücksichtigung der Change Management Beratung. Marburg: Tectum, 2012.

17 Ebd., S.184.

18 Fink, Dietmar: Machiavelli, McKinsey & Co. – eine kleine Geschichte der Managementberatung. In: Petmecky, Arnd; Deelmann, Thomas (Hrsg.): Arbeiten mit Managementberatern – verstehen, verändern, vertrauen. Berlin: Springer, 2004, S. 196f.

19 Gerharz, Markus: »Die Branche verdient ihr schlechtes Image nicht« – Interview mit Ex-Consultant Robert Paust. In: staufenbiel.de, https://www.staufenbiel.de/consulting/karriere/berater-bashing.html, 2013, eingesehen am 21.05.2015.

20 Institut für Demoskopie Allensbach (IfD): Befragung zur Akzeptanz von Unternehmensberatern, 2011.

21 MBA-Forschungszentrum: Die Beraterbranche im Stresstest: Consulting-Studie des MBA-Forschungszentrums. Sankt Augustin: Hochschule Bonn-Rhein-Sieg, 2011.

22 S. Kapitel »Chance: Identität und Werteverständnis«.

23 Mittelstand bleibt auf der Strecke. http://www.channelpartner.de/a/mittelstand-bleibt-auf-der-strecke,2603920, 25.03.2013.

Teil 1 · Image: Die Fassade der Unnahbarkeit

1 Huber, Maria: Supermann für vier Jahre. In: KarriereSpiegel, http://www.spiegel.de/karriere/berufsleben/ueberblick-ueber-den-job-des-unternehmensberaters-a-821628.html, 19.03.2012.

2 Löhr, Julia: Berater in der Sinnkrise. In: FAZ Wirtschaft, http://www.faz.net/aktuell/wirtschaft/unternehmensberatung-berater-in-der-sinnkrise-12739908.html, 07.01.2014.

3 Dazu zählen Beratungsunternehmen mit einem Jahresumsatz zwischen 1 Mio. € und 10 Mio. € (Quelle: BDU).

Teil 1 · Unsicherheit: Es bewegt sich was

1 Laube, Helene: Vom Dunkeln ins Licht. Derek van Bever im Interview. In: Brand eins Thema: Unternehmensberater, Mai 2014, S.13ff.

2 Heuer, Steffan: Recherche in der Mittagspause. In: Brand eins Thema: Unternehmensberater, Mai 2014, S. 54.

3 Student, Dietmar: McKinsey gegen den Rest der Welt. In manager magazin, www.manager-magazin.de/magazin/artikel/baur-fuehrt-mckin-

sey-im-ueberlebenskampf-der-unternehmensberater-a-951828.html, 18.02.2014.

4 Risch, Susanne: Nur kein Mitleid. In: Brand eins Thema: Unternehmensberater, Mai 2014, S. 80.

5 Trends: Unternehmensberater. PC Magazin, www.pc-magazin.de/ratgeber/trends-unternehmesberater-1479083.html#, 27.02.2013.

6 Fröhlich, Werner; Laumann, Maja: Perspektiven des Management Consulting. In: Fröhlich, Werner; Laumann, Maja (Hrsg.): Wertschöpfung durch Management Consulting – Research in Progress. München: Hampp, R, 2010.

7 Zuffellato, Andrea: Gute Beratung – das gemeinsame Ziel. In: Journal bso Berufsverband für Coaching, Supervision und Organisationsberatung (Hrsg): Kompetente Kunden. Journal bso Nr. 2 / 2012.

8 Werr, Andreas; Pemer, Frida: Purchasing management consulting services – from management autonomy to purchasing involvement. In: Journal of Purchasing & Supply Management, 13(2), 2007.

9 Petmecky, Arnd; Deelmann, Thomas: Arbeiten mit Managementberatern – Bausteine für eine erfolgreiche Zusammenarbeit. Bonn: Springer, 2005.

10 Mohe, Michael; Birkner, Stephanie; Sieweke, Jost: Professionalisierung von Klienten – Status Quo in Deutschland. Studie des BMBF-Projektes »OBIE – Organisationsberatung: Importgut oder Exportschlager«. Oldenburg, 2008.

11 Mohe, Michael; Birkner, Stephanie; Sieweke, Jost: Wie kompetent sind Kunden? – Eine empirische Analyse zur Klientenprofessionalisierung. In: Journal bso Berufsverband für Coaching, Supervision und Organisationsberatung (Hrsg.): Kompetente Kunden. Journal bso Nr. 2 / 2012, S. 13.

12 Ertinger, Sebastian: »Wir fliegen niemals erster Klasse« – Unternehmensberater im Interview. In: Handelsblatt, http://www.handelsblatt.com/unternehmen/dienstleister/unternehmensberater-im-interview-wir-fliegen-niemals-erster-klasse/9248952.html, 27.12.2013.

13 Soehring, Maren: Soll ich oder soll ich nicht? In: ZEIT Campus 2 / 2010.

14 Klesse, Hans-Jürgen: Schwierige Allianzen auf dem Beratermarkt. In: Wirtschaftswoche, www.wiwo.de/unternehmen/dienstleister/harter-wettbewerb-schwierige-allianzen-auf-dem-beratermarkt/8784016.html, 17.09.2013.

15 Student, Dietmar: »Reifer Markt« – Consulting-Professor Fink.
   In: manager magazin, www.manager-magazin.de/unternehmen/
   artikel/a-875740.html, 10.01.2013.
16 BDU: Facts & Figures zum Beratermarkt 2012/2013.
17 Christensen; Wang; van Bever: Die Zukunft der Berater, S. 30.
18 Geffroy, Edgar K.: Triumph des Individuums. Innovative Kundenstrategien für die kommende Geschäftswelt. Düsseldorf: Redline, 2012,
   S. 71.

Teil 1 · Chance: Identität und Werteverständnis

1 Wertekommission – Initiative Werte bewusste Führung e. V.: Letztlich
  machen Werte Strategien wirksam. Bonn: 2007, S. 8.
2 Details dazu unter www.9levels.de sowie in: Krumm, Rainer: 9 Levels of
  Value Systems. Mittenaar-Bicken: werdewelt, 2012.
3 Bär, Martina; Krumm, Rainer; Wiehle, Hartmut: Unternehmen verstehen, gestalten, verändern. Das Graves Value System in der Praxis.
  Wiesbaden: Gabler, 2010, S. 222.
4 Lau, Peter: Lasst uns gemeinsam drüber nachdenken. In: Brand eins
  Thema: Unternehmensberater, Mai 2014, S. 123.

Teil 2 · Der Berater von übermorgen – der Mensch

1 Menden, Stefan: Das Insider-Dossier: Bewerbung bei Unternehmensberatungen. Consulting Cases meistern. Köln: squeaker.net, 2007/2008.
2 Return on Consulting Studie. Konzept, Ziel, Vorgehen, Ergebnisse
  und Nutzen. http://roc2007.cardea.ch/rocStudie.html, eingesehen am
  21.05.2015.
3 Klesse, Hans-Jürgen: Warum so viele Beratungen kläglich scheitern.
  In: ZEIT Online, www.zeit.de/karriere/beruf/2010-09/fehler-unterneh-
  mensberater, 05.10.2011.
4 Bartsch: Ende eines Mythos.
5 Christensen; Wang; van Bever: Die Zukunft der Berater.
6 Laube, Helene: Pool mit Aussicht. In: Brand eins Thema: Unternehmensberater, Mai 2014.
7 Engel, Claus; Tamdjidi, Alexander; Quadejaco, Nils: Ergebnisse der Projektmanagementstudie 2008 – Erfolg und Scheitern im Projektmanage-

ment; Gemeinsame Studie der GPM Gesellschaft für Projektmanagement e. V. und der PA Consulting Group. Nürnberg / Frankfurt: 2008.

8 Darunter versteht man die Definition möglicher weiterer Anforderungen, die sich eventuell während der Umsetzungsphase ergeben.

9 Maier, Angela; Klusmann, Steffen: Märklin. Der große Eisenbahnraub. In: Stern, http://www.stern.de/wirtschaft/news/maerklin-der-grosse-eisenbahnraub-3422962.html, eingesehen am 19.06.2015.

10 Mielke, Jahel: Unternehmensberater. Schlechter Rat ist teuer. In: Der Tagesspiegel, http://www.tagesspiegel.de/wirtschaft/firmensanierung-unternehmensberater-schlechter-rat-ist-teuer/8679566.html, 23.08.2013.

11 Kurpjuweit, Klaus: Nicht mehr voll unter Dampf. In: Der Tagesspiegel, http://www.tagesspiegel.de/berlin/nicht-mehr-voll-unter-dampf/7271164.html, 19.10.2012.

12 Radszuhn, Eike: Wie dem Modellbauer Märklin die Wende gelang. In: impulse, das Unternehmer-Magazin. https://www.impulse.de/management/wie-dem-modellbahnbauer-marklin-die-wende-gelang/2007470/, 13.07.2013.

13 Nobbe, Marion: Interview »Grundig wurde zu Tode saniert.« Betriebsrat beschuldigt Chefetage. In: Süddeutsche, www.sueddeutsche.de/karriere/interview-grundig-wurde-zu-tode-saniert-1.511205, 11.05.2010.

14 Zitat von Burkhard Wollschläger, Vorsitzender des Grundig-Aufsichtsrats von 1997 bis 2000. Aus: Schwarzer, Ursula: Grundig – Lange, schwere Qual. In: manager magazin online, http://www.manager-magazin.de/unternehmen/artikel/a-125410.html, 30.03.2001.

15 Grundig will in Deutschland 900 Arbeitsplätze abbauen – Sanierungskonzept kostet bis zu 400 Millionen. In: Handelsblatt, http://www.handelsblatt.com/archiv/sanierungskonzept-kostet-bis-zu-400-millionen-grundig-will-in-deutschland-900-arbeitsplaetze-abbauen/2054064.html, 30.03.2001

16 Porzellan Selb: Dossier Rosenthal. http://www.porzellan-selb.de/dossier-philip-rosenthal/, 12.05.2012.

17 Polster, Bernd; Godau, Marian: Design Lexikon Deutschland. Köln: DuMont, 1999.

18 Champy, James: Reengineering Management. The Mandate for New Leadership; New York: HarperBusiness, 1995.

19 Der Niedergang der Swissair: »Hunter« – der Flug ins Abseits. In: Das Schweizer Wirtschaftsmagazin BILANZ, http://www.bilanz.ch/people/der-niedergang-der-swissair-hunter-der-flug-ins-abseits, 31.12.2001.

20 Das Swissair-Debakel – Von Alcazar über die Hunter-Strategie zum Grounding 2001. http://chronik.geschichte-schweiz.ch/swissair-debakel-grounding.html, 02.03.2007.

21 Freitag, Michael; Student, Dietmar: Schwarmintelligenz. In: manager magazin online, http://www.manager-magazin.de/magazin/artikel/a-832380.html, 23.05.2012.

22 McKinsey: Streng vertraulich. In: Das Schweizer Wirtschaftsmagazin BILANZ, http://www.bilanz.ch/unternehmen/mckinsey-streng-vertraulich, 28.05.2003.

23 Moschdal, Manfred: Depistomologie des Organisationslernens. Beiträge zur Wissenschaft des Scheiterns. In: Heidsieck, Charlotte; Petersen, Jendrik (Hrsg.): Organisationen im 21. Jahrhundert. Frankfurt a. M.: Peter Lang, 2010.

24 Hegemann, Lisa: Karstadt-Chefin Eva-Lotta Sjöstedt schmeißt hin. In: Handelsblatt, www.handelsblatt.com/unternehmen/handel-konsumgueter/warenhauskette-karstadt-chefin-eva-lotta-sjoestedt-schmeisst-hin/10162082.html, 07.07.2014.

25 Stand: 20.07.2014.

26 dts Nachrichtenagentur: Neue Karstadt-Chefin setzt bei Sanierung auf dezentrale Maßnahmen. www.finanznachrichten.de/nachrichten-2014-03/29768060-neue-karstadt-chefin-setzt-bei-sanierung-auf-dezentrale-massnahmen-003.htm, 23.03.2014.

27 Loke, Matthias: Rücktritt nach fünf Monaten. In: Frankfurter Rundschau, www.fr-online.de/wirtschaft/karstadt-chefin-sjoestedt-ruecktritt-nach-fuenf-monaten,1472780,27735272.html, 07.07.2014.

28 WDR: Reportage: Ehemalige Karstadt-Mitarbeiter. 11.09.2014.

29 Sjöstedt will »Einheitsbrei im Einzelhandel« beseitigen. In: manager magazin online, www.manager-magazin.de/unternehmen/handel/neue-karstadt-chefin-sjoestedt-will-schluss-machen-mit-dem-einheits-brei-a-955165.html, 23.02.2014.

30 Stand: Februar 2014.

31 Grün, Anselm: Führen mit Werten. München: Olzog, 2006.

Teil 2 · Werte: Was sich verändern wird

1 Petersen, Martina: Werte kann man nicht wirklich messen. Interview mit Matthias Horx. In: Forum MLP, Das MLP-Magazin, 2012.

2 Nach einer älteren Transkription auch Kondratieff.

3 Den Begriff prägte der Ökonom Joseph Schumpeter, der Kondratjews Beobachtungen weiterentwickelt hat.

4 Maier, Harry: Wellen des Fortschritts. In: ZEIT 12 / 1993.

5 Müller, Anja: Das Comeback von Kondratieff – Theorie der langen Wellen. In: Handelsblatt. http://www.handelsblatt.com/politik/oekonomie/nachrichten/theorie-der-langen-wellen-das-comeback-von-kondratieff-seite-3/3414216-3.html, 18.04.2010.

6 Müller: Das Comeback von Kondratieff.

7 Nefiodow, Leo A.: Der sechste Kondratieff. Wege zur Produktivität und Vollbeschäftigung im Zeitalter der Information. Sankt Augustin: Rhein-Sieg-Verlag, 2007.

8 Alle Angaben in diesem Abschnitt stammen aus folgender Quelle: Moog, Petra; Kay, Rosemarie; Schlömer-Laufen, Nadine; Schlepphorst, Susanne: Unternehmensnachfolgen in Deutschland – Aktuelle Trends. In: Institut für Mittelstandsforschung Bonn (Hrsg.): IfM-Materialien Nr. 216, Bonn: 2012.

9 Euler Hermes Kreditversicherung; Zentrum für Insolvenz und Sanierung an der Universität Mannheim (ZIS): Ursachen von Insolvenzen. Gründe für Unternehmensinsolvenzen aus der Sicht von Insolvenzverwaltern. Wirtschaft konkret Nr, 414. Hamburg: Euler Hermes Kreditversicherungs-AG, 2006.

10 Euler Hermes Krediversicherung; ZIS: Ursachen von Insolvenzen. S. 17.

11 Mit geringfügigen Änderungen übernommen aus: Euler Hermes Kreditversicherung; ZIS: Ursachen von Insolvenzen. S. 18.

Teil 2 · Fenster auf: Das sagt die Zukunft

1 Naisbitt, John: Megatrends. Ten new directions transforming our lives. New York: Warner Books, 1982.

2 Megatrend Dokumentation 2012. Frankfurt a.M.: Zukunftsinstitut GmbH, 2012.

3 Gegründet im Jahr 1998 von Zukunfts- und Trendforscher Matthias Horx.

4 Gloger, Axel: Über_Morgen. Was Ihr Unternehmen in Zukunft erfolgreich macht. Wien: Linde, 2012, S. 214.

5 Megatrend Dokumentation 2012. Frankfurt a. M.: Zukunftsinstitut GmbH, 2012, S.8 (Megatrend Silver Society).

6 Megatrend Dokumentation 2012. Frankfurt a. M.: Zukunftsinstitut GmbH, 2012, S. 11 (Megatrend Neues Lernen).

7 IBM Global CEO Study 2012, http://www.dns.de/blog/posts/2012/12/04/ibm-global-ceo-study-2012-als-download-kostenlos-erhaeltlich/, eingesehen am 21.05.2015.

8 Eurobarometer 2009. http://ec.europa.eu/public_opinion/archives/ebs/ebs_316_fact_de.pdf, eingesehen am 21.05.2015.

9 Christensen; Wang; van Bever: Die Zukunft der Berater.

10 BKK Gesundheitsreport, http://psyga.info/ueber-psyga/aktuelles/bkk-gesundheitsreport-2012/, Dezember 2012.

Teil 2 · Vorstoß: Gründerzeit für Berater

1 Chart Dr. Internet: Gesundheit im Digital Age. In: Megatrend Dokumentation 2012. Frankfurt a. M.: Zukunftsinstitut GmbH, 2012.

2 Megatrend Dokumentation 2012. Frankfurt a. M.: Zukunftsinstitut GmbH, 2012. (Megatrend Konnektivität).

3 ebd.

4 ARD / ZDF-Onlinestudie (2012). http://www.ard-zdf-onlinestudie.de/fileadmin/Onlinestudie_2012/Zusammenfassungen_2012.pdf, eingesehen am 21.05.2015.

5 Geffroy: Triumph des Individuums.

6 Kunden bestrafen Schlecker – Umsatz bricht ein. In: News.de, http://www.news.de/wirtschaft/855059935/kunden-bestrafen-schlecker/1/, 05.06.2010.

7 Schneider, Mark C.: Wie Dirk Roßmann Mitarbeiter führt. In: Handelsblatt, www.handelsblatt.com/unternehmen/mittelstand/drogerie-unternehmer-wie-dirk-rossmann-mitarbeiter-fuehrt/3372154.html, 18.02.2010.

Personen- und Stichwortregister

Die Autoren

Edgar K. Geffroy –
der Clienting-Gründer,
Business-Neudenker
und Zukunftsmotivator

Edgar K. Geffroy ist Unternehmer, Wirtschaftsredner, Bestsellerautor und Business-Neudenker. Mit 30 Jahren Berufserfahrung als Unternehmensberater zählt er heute zu den erfolgreichsten Referenten und Vordenkern in Deutschland. Der Erfinder des Clienting setzt immer wieder neue Maßstäbe im Bereich Kundenorientierung und Veränderung durch den digitalen Wandel.

Über 2200 Auftritte vor mehr als einer halben Million Menschen zeigen die Akzeptanz seiner Konzepte. Keynotespeaker Edgar K. Geffroy begeistert, motiviert und inspiriert zu unternehmerischem Neudenken und bricht dabei gewohnte Denkmuster auf.

2012 erhielt der Keynotespeaker den Business-Vordenker-Preis des Jahrzehnts der Best of Best Academy, Wien. Er zählt zu den zehn wichtigsten Business-Motivatoren (Wirtschaftswoche) und zu den 25 führenden Wirtschaftsrednern Deutschlands (GQ). 2007 wurde er in die German Speakers Hall of Fame aufgenommen und trägt damit die höchste Auszeichnung der German Speakers Association.

www.geffroy.com
www.clienting-consulting.com

Benjamin Schulz –
Personal Branding und
Marketingexperte

»Nur wer genau weiß, wer er ist und
wofür er steht, kann sich zielscharf auf dem
Markt positionieren und sichtbar sein.«

Als Sparringspartner und Troubleshooter verfügt Benjamin Schulz über langjährige Erfahrung in Sachen Personal Branding und strategische Positionierung. Seit seinen Weiterbildungen als Coach und Trainer arbeitet er als Begleiter und Sparringspartner für Redner und Speaker, Trainer, Coachs sowie Berater und Personen, die sich bezüglich ihrer Identität und Positionierung einen sicheren Gefährten an ihrer Seite wünschen. Benjamin Schulz weiß, welchen Herausforderungen sich jeder stellen muss, der sich als Person vermarkten will und muss.

Kunden bezeichnen Benjamin Schulz als kritischen und hartnäckigen Hinterfrager und Querdenker, der ihnen als Sparringspartner und Troubleshooter den Rücken stärkt und ihnen die nötige Sicherheit im Personal Branding gibt. Durch sein Insider-Wissen in Kombination mit der Stärke der Marketing-Agentur werdewelt® mit Sitz in Mittenaar-Bicken garantiert Benjamin Schulz professionelle Beratung und Umsetzung in Sachen Positionierung, Identität, Strategie und Markenkommunikation.

http://www.benjaminschulz.info/
http://www.werdewelt.info

◩ GEFFROY

sehen
reden
legen

klar.heit

stellen
machen
gehen
kommen

„Ich bin Sparringspartner
und Troubleshooter
im Personal Branding!"

» Ben Schulz